量子群点描

山下 真 [著]

共立出版

推薦の言葉

　本書は量子群に関するたぐいまれな入門書である．量子群に関する本はすでに世界中で多く出版されているが，本書はその内容において大変ユニークな本である．

　量子群と言ったときに何を指すかは人によって異なる．一番多いのは Drinfeld–神保式の普遍包絡環の量子変形のことであり，神保氏自身による日本語の本を始め，世界中で数多い本が書かれている．もう一つは Woronowicz に始まる，リー群上の連続関数環の量子変形であり，これについてはあまり成書がない．さらにもう一つはある種のテンソル圏の総称であり，これについては英語で本が出始めたところである．これら三者は密接に絡み合ってこれまで発展してきているが，互いに同じものではなく，これらを統一的に見る視点はこれまでの各書にはなかったものである．その点本書はこれらをバランスよくカバーしており，英語を含めても世界初の貴重な書物である．

　量子群とは普通の群，特にしばしばリー群を何らかの意味で変形して「非可換化」したものである．ただし群演算はたいてい元から非可換なので，これを非可換化することには意味がない．Drinfeld–神保式の場合はリー環を変形する．一方，Woronowicz 式の考え方は，空間とその上の関数環は同じものであり，関数環の方を非可換化することによって，空間の「非可換化」が得られるというものであり，作用素環論では古くからなじみ深い考えである．元の空間がリー群の場合は，そこに積演算が入っているため，関数環の方に Hopf 代数の構造が入る．こちらの代数構造を変形するのである．またコンパクト群についてはその有限次元ユニタリ表現たちが対称テンソル圏をなすので，この「対称性」をいくらか弱めたテンソル圏を考えることによって，「量子的な」対称性が実現できる．

　これらの構造はいずれも純代数的に考えることができ，そのような見方の研究者の方が数が多いかもしれないが，自然に無限次元の代数系が現れるため，作用素環論がそこでの重要な道具となり，上記の三つの見方を統一する力の元を与えてくれるのである．著者の山下氏はこのテーマにおける世界第一線の若手研究者であり，このような入門書が日本語で書かれることはたいへん喜ばしいことである．多くの若い読者が本書によって量子群の魅力にふれることを願っている．

河東泰之

まえがき

量子群とは何だろうか？

「量子群」という用語自体は，Drinfeld による 1984 年の国際数学者会議での講演で用いられて以来数学や数理物理学の様々な文脈で用いられるようになり，関連する研究が爆発的に進展した非常に現代的なものである．現在量子群の理論といったときには，以下のような 1980 年代半ばごろの研究に触発されて発展してきた諸理論を指すといってよい．

一つ目は，Faddeev らによる可積分系の研究を契機として，Hopf 環の枠組みで Drinfeld，神保らにより与えられた量子普遍包絡環の理論である．二つ目は，可換作用素環と局所コンパクト空間や測度空間との間の双対性を動機として，Woronowicz により与えられたコンパクト量子群の理論である．三つ目は，Jones の研究に始まる部分因子環の分類や結び目の不変量との関係をテンソル圏の枠組みの中で整理する試みから生まれた量子対称性の理論である．

これらはどれも，様々な数学的構造の対称性を表す「群」と呼ばれる基本的な数学的対象を，双対性と呼ばれる原理に基づいて群でないものに変形した新たな数学的対象を与えている．しかし，具体的にそのような対象をどうやって定式化するかという方法論は様々であり，残念ながら（あるいは，幸いなことに）これら量子群として知られているものをすべてまとめられるような単一の理論体系（公理系）は今のところ得られていないし，そのようなものを意義のある形で定式化するということは不可能に思われる．だからといってこれらの理論が群の概念の無闇な一般化を与えようとしているというわけではなく，異なった定式化による量子群たちがなんらかの双対性を通じて互いに関係していたり，あるいは共通の原理に従った振る舞いを見せるということも確かである．そのような対応を通じて幅広い数学の分野の間に思いもよらなかったような関係をもたらす，とても深い指導原理を与えているということが量子群の興味深いところであると思う．

そこで，本書では様々な方法論による量子群の定式化を紹介し，それらが互いにどう関係しているのかということに重点を置いて解説することにしたい．第 1 章では量子群のパラダイムに至る準備として，Fourier 変換における双対性に関わる諸概念，特に局所コンパクト群と，対応する様々な代数系を紹介する．続く第 2 章では，数理物理学と量子群の理論の間の重要な関係を与える Yang–Baxter 方程式について紹介する．この 2 章が第 4–6 章の題材の基礎をなしている．第 3 章

では，量子群の最も基本的な例である $SL_q(2)$, $SU_q(2)$ 量子群と呼ばれる概念を表す一連の代数系を紹介する．続いて第 4 章では Yang–Baxter 方程式に関わる一連の「量子化」問題について解説する．次の 2 章は互いにほぼ独立しており，Drinfeld–神保量子群の幾何学的な側面と代数学的な側面についての理論を紹介している．第 5 章では量子群の構造の幾何的な側面を表す Poisson–Lie 群の概念や，より一般の Poisson 多様体の理論における量子化理論の応用について解説する．一方，第 6 章では量子群の表現論や，より一般の「非可換空間」の文脈における代数的な理論について述べる．第 7 章では Woronowicz に始まるコンパクトおよび局所コンパクト量子群の理論について解説する．こちらは第 2, 4–6 章とはある程度独立になっているので，第 3 章のすぐ後に読むことも可能である．最後に第 8 章ではテンソル圏に関する諸理論について紹介する．テンソル圏による定式化は量子群に関する様々なアプローチをつなぐ役割を果たしており，実は第 7 章までの各所で顔を見せている．論理的には第 8 章の前半の内容はもっと前に述べるべきことだが，より抽象的で現代的な概念なので最後に解説することにした．また，付録として，いくつかの基礎的なことについて簡単な解説をまとめてあるので必要に応じて参照してほしい．

　各章を見てみればわかるように，様々な数学的事実に関する証明は基本的に載せていないし，テンソル圏や作用素環による関わる事柄など一部説明が前後しているものもある．そういった意味で本書は普通の数学の教科書とは異なった性格のものであり，これを読んだだけで量子群についての研究が始められるということはないだろう．一方で，量子群について興味があって学んでみたくても，様々な切り口がありすぎてどこから手をつけたらいいのかわからないと敬遠してしまっている人も多いのではないかと推察される．そのような方に，量子群に対する様々な分野・方法論を見渡せるような「地球儀」を提供することが本書の目標である．個々の題材に興味を持たれた読者の方はぜひ，各章末の文献表に挙げた専門的な文献とともに自分だけのより詳しい「地図」作りのための探検に挑戦してみてほしい．また，このように広範な分野にわたる事柄をくまなく紹介するということは著者の能力を大きく超えたことであり，様々なことについて説明を割愛せざるを得なかった．結果としてどの章もそれぞれの専門家から見れば不満の残る説明になってしまっているのではないかと思うが，量子群の様々な側面をなるべく簡単にまとめて紹介するための試みとして見ていただければ幸いである．

最後に，以下の方々に感謝の言葉を述べたい．推薦人として本書を書く機会をくださった河東泰之先生には，大学に入学した最初の学期に先生の授業を受講して以来お世話になっており，大学院生時代は指導教官として，その後も様々な機会に終始的確なご指導をいただいたおかげで今までなんとかやってこれた．また，山上滋先生，泉正己先生，林倫弘氏，植田好道氏，小沢登高氏，戸松玲治氏にも様々な場で励ましや研究上の貴重なアイデアを頂いている．また，研究活動を快く支援してくれたお茶の水女子大学理学部数学科の同僚の方々にも改めて感謝したい．

　執筆中は共立出版の信沢孝一氏・大越隆道氏に様々なご迷惑をおかけしてしまった．度重なる原稿の遅れにもかかわらずこのようなまったく売れそうにない本を出版していただけることに感謝の念でいっぱいである．

　また，緒方芳子氏，荒野悠輝氏，山下真由子氏には草稿について様々なコメントを頂いた．特に荒野・山下氏に丁寧に草稿を読んでいただいたおかげで，多くの間違いや不明瞭な点を修正することができた．もちろん，残っている間違いや誤解をまねく点はすべて私の責任である．

　本書に書いてあることのほとんどは Kenny De Commer, Sergey Neshveyev, Ryszard Nest らとの交流や共同研究を通じて学んだことである．彼らと一緒に以前は想像もつかなかったような様々な題材に取り組むことができたし，このような幸運な出会いがなければ量子群について本を書くというようなことは到底なかっただろう．Kenny, Sergey, Ryszard, どうもありがとう．

2017 年 2 月

山下　真

目次

第 1 章 Fourier 変換と双対性 — 1
- 1.1 Fourier 変換 — 1
- 1.2 局所コンパクト群 — 3
- 1.3 局所コンパクト群に付随する代数系 — 8
- 1.4 Pontryagin 双対性 — 11
- 1.5 Hopf 環 — 13
- 1.6 ノート — 15

第 2 章 Yang–Baxter 方程式 — 17
- 2.1 可積分系と量子 Yang–Baxter 方程式 — 17
- 2.2 古典的 Yang–Baxter 方程式 — 22
- 2.3 Drinfeld double と普遍 R 行列 — 25
- 2.4 組みひも群との関係 — 27
- 2.5 ノート — 29

第 3 章 $SL_q(2)$, $SU_q(2)$ — 32
- 3.1 量子普遍包絡環 $\mathcal{U}_q(\mathfrak{sl}_2)$ — 32
- 3.2 量子代数群 $SL_q(2)$ — 34
- 3.3 コンパクト量子群 $SU_q(2)$ — 36
- 3.4 テンソル圏 $\operatorname{Rep} SL_q(2)$ — 38
- 3.5 ノート — 42

第 4 章 Lie 環や r 行列の量子化 — 44
- 4.1 Lie bialgebra — 44
- 4.2 Lie bialgebra の量子化 — 46
- 4.3 r 行列の量子化 — 49
- 4.4 Associator と準 Hopf 環 — 51
- 4.5 ノート — 55

第 5 章　変形量子化　58
- 5.1　Poisson 多様体 58
- 5.2　Symplectic 葉と Schubert cell 60
- 5.3　量子関数環 62
- 5.4　Operad と変形量子化 65
- 5.5　ノート 68

第 6 章　代数的な理論　71
- 6.1　表現論 71
- 6.2　結晶基底 73
- 6.3　関数環とその余作用 77
- 6.4　Yetter–Drinfeld 環 81
- 6.5　ノート 82

第 7 章　作用素環に基づく理論　86
- 7.1　コンパクト量子群 86
- 7.2　表現論と淡中–Krein 双対性 88
- 7.3　自由量子群 92
- 7.4　局所コンパクト量子群 93
- 7.5　ノート 96

第 8 章　テンソル圏　101
- 8.1　テンソル圏 101
- 8.2　Fusion 圏 106
- 8.3　Drinfeld 圏と q 変形量子群 111
- 8.4　1 のべき根におけるモデル 113
- 8.5　Modular 圏 115
- 8.6　ノート 117

付　録　122
- A.1　テンソル積 122
- A.2　圏 124
- A.3　多様体 125
- A.4　Lie 環 127
  - A.4.1　単純 Lie 環 127
  - A.4.2　Kac–Moody 環 129

- A.4.3 アフィン Lie 環とアフィン Kac–Moody 環 129
- A.5 作用素環 130
  - A.5.1 Hilbert 空間上の作用素 130
  - A.5.2 C^* 環 131
  - A.5.3 von Neumann 環 133
- A.6 Operad 133

索　引　　　　　　　　　　　　　　　　　　　　　　　**139**

用語・記号などについて

以下のような記号は特に断らずに用いる．

- 自然数（非負整数）の集合 $\mathbb{N} = \{0, 1, 2, \ldots\}$
- 整数の集合 $\mathbb{Z} = \{0, 1, -1, 2, -2, \ldots\}$
- 有理数の集合 $\mathbb{Q}$
- 実数の集合 $\mathbb{R}$
- 複素数の集合 $\mathbb{C}$
- 虚数単位 $\sqrt{-1}$
- 恒等写像，恒等射 ι

ベクトル空間など線形代数学的な概念は可能な限り実数体か複素数体上のものを考えることにする．また「複素数体上の代数系」といった場合には，結合的な積と複素数のスカラー倍の操作を持つ $\mathbb{C}$ 代数（文脈によっては乗法の単位元の存在は仮定しない）を考えることにする．

専門用語について，数学と物理学で異なる流儀があるものについては基本的に数学でよく使われているものを採用した．また，広く用いられる定まった訳語がないものは英語表記とした．

名前の表記に振れがある人物の表記については，本文中では一つの表記に統一しているが，各章末の文献表ではそれぞれの文献における表記を尊重した．

第 1 章

Fourier 変換と双対性

　Fourier による熱の伝播を表す方程式の研究をきっかけとして発展してきた Fourier 変換の理論は，位置と運動量の双対性という非常に重要な現象を出発点としている．この理論の現代的な基礎付けに現れる局所コンパクト群と Pontryagin 双対性の概念や，その代数的な側面を抽象化した Hopf 環の概念が量子群を理解するための基礎をなしている．

1.1　Fourier 変換

　Fourier 変換とは「空間・時間」変数によって表された「波」の関数に対し「運動量・周波数」変数によって表された関数を与える

$$f(x,t) \to \hat{f}(\xi,\omega)$$

という変換であり，物理学や信号処理における根源的な概念である「波」の双対性に関わる基本的な操作である（図 1.1 参照）．

　d 次元の空間における位置の変数を $x = (x_1, \ldots, x_d)$，運動量の変数を $\xi = (\xi_1, \ldots, \xi_d)$，時間の変数を t，周波数の変数を ω と書くことにすれば，波の基本的な単位に当たるものは

$$\begin{aligned}
&\exp\left(2\pi\sqrt{-1}\left(\xi \cdot x - \omega t\right)\right) \\
&= \cos 2\pi \left(\sum_{i=1}^{d} \xi_i x_i - \omega t\right) + \sqrt{-1} \sin 2\pi \left(\sum_{i=1}^{d} \xi_i x_i - \omega t\right)
\end{aligned}$$

によって与えられる．一般的な波はこれらの重ね合わせによって表すことができ，Fourier（逆）変換はその係数を与えるもの

$$\begin{aligned}
f(x,t) &= \int \hat{f}(\xi,\omega) \exp\left(2\pi\sqrt{-1}\left(\xi \cdot x - \omega t\right)\right) d\xi d\omega \\
\hat{f}(\xi,\omega) &= \int f(x,t) \exp\left(-2\pi\sqrt{-1}\left(\xi \cdot x - \omega t\right)\right) dx dt
\end{aligned}$$

$$f(x) = \sum_{k=-\infty}^{\infty} 1_{\left[\frac{4k-1}{2}, \frac{4k+1}{2}\right]}$$
$$\longleftrightarrow \hat{f}(\xi) = \frac{1}{2}\delta_0 + \sum_{n=0}^{\infty} \frac{(-1)^n}{(2n+1)\pi} \left(\delta_{-(2n+1)} + \delta_{2n+1}\right)$$

図 1.1 Fourier 変換の例

であると見なすことができる．

考えている問題の設定によっては空間座標や運動量座標が現れない場合（音の波形データなど）もあるし，逆に時間・周波数座標が現れない場合（画像データなど）もある．さらに，応用上は無限に広がった空間ではなく有限の大きさの領域を考えることが普通だが，その場合には (x,t) が周期的な対称性を持つ座標であり，それに対応して (ξ,ω) は離散的な値をとる座標であるという設定を考えることになる．そのような場合には上の積分は

$$f(x,t) = \sum_{\xi,\omega} \hat{f}(\xi,\omega) \exp\left(\sqrt{-1}\,(\xi \cdot x - \omega t)\right)$$

という無限和の形に置き換えられる．無限和を離散集合上の積分と見なす Lebesgue 積分論の立場に立てば，形式的な表示としてはこれらはすべて局所コンパクト可換群の Haar 測度に関する積分として表すことができる（次節参照）．

「位置」や「時間」などの変数の意味付けを忘れることにすれば，x 変数と t 変数，ξ 変数と ω 変数は符号の違いを除きそれぞれ式の中で同じ役割を果たしているので，ここから先は x 変数と ξ 変数にまとめてしまい，$f(x)$ と $\hat{f}(\xi)$ について考えることにする．

指数関数の法則から，先ほどの波の基本単位の関数について

$$\exp\left(2\pi\sqrt{-1}\,(\xi \cdot x)\right) \exp\left(2\pi\sqrt{-1}\,(\eta \cdot x)\right) = \exp\left(2\pi\sqrt{-1}\,((\xi + \eta) \cdot x)\right)$$
$$\exp\left(2\pi\sqrt{-1}\,(\xi \cdot x)\right) \exp\left(2\pi\sqrt{-1}\,(\xi \cdot y)\right) = \exp\left(2\pi\sqrt{-1}\,(\xi \cdot (x + y))\right)$$

という関係が成り立つが，これは

- x に関する関数の積は ξ 変数における和に対応する

- 逆に，ξ に関する関数の積は x 変数における和に対応する

ということを表している[1]．また，x 変数が表す空間と ξ 変数が表す空間との間の関係は，局所コンパクト可換群に対する Pontryagin 双対性という原理によって説明することができる．また，このように関数の積と変数の和の構造を合わせて捉えるための代数的構造は Hopf 環と呼ばれる．以下の節ではこれらの概念と，量子群の理論へとつながる一般化について解説することにしよう．

1.2　局所コンパクト群

前節で紹介した Fourier 変換における変数が表す空間の性質は，

- 離散群：ユークリッド空間内の格子群 $\mathbb{Z}^n = \{(a_1, \ldots, a_n) \mid a_i \in \mathbb{Z}\}$，モジュラー群

$$\mathrm{SL}(2, \mathbb{Z}) = \left\{ \begin{pmatrix} a & b \\ c & d \end{pmatrix} \middle| a, b, c, d \in \mathbb{Z},\ ad - bc = 1 \right\}$$

  など
- コンパクト群：n 次ユニタリ行列のなす群

$$\mathrm{U}(n) = \left\{ X = (x_{ij})_{i,j=1}^n \middle| x_{ij} \in \mathbb{C},\ \sum_k \bar{x}_{ki} x_{kj} = \delta_{ij} \right\},$$

  p 進整数群

$$\mathbb{Z}_p = \varprojlim_{n \to \infty} \mathbb{Z}/p^n \mathbb{Z} = \{a_0 + a_1 p + a_2 p^2 + \cdots \mid 0 \leq a_i < p\}$$

  など
- Lie 群：ユークリッド空間 $\mathbb{R}^n$，複素特殊線形群 $\mathrm{SL}(n, \mathbb{C})$ など

のような局所コンパクト群の概念によって捉えることができる．特に，これらのうちで $\mathbb{R}^n$ のように積の可換性 $gh = hg$ を持つものが Fourier 変換（調和解析）に直接関係するものであり，非可換なものに対する類似の理論は非可換調和解析と呼ばれる一連の数学理論体系をなしている．

---

[1] 一般の関数については，指数関数での ξ 変数や x 変数での和の操作を線形性により拡張した，たたみ込み積を考える（次節参照）．

より正確には，G が局所コンパクト群であるということは，群の構造，つまり積写像 $G \times G \to G, (g, h) \mapsto gh$ で

- 結合律：$(gh)k = g(hk)$ が成り立つ
- 単位元：$ge = eg = g$ が成り立つ元 e がある
- 逆元：$gg^{-1} = g^{-1}g = e$ が成り立つ元 g^{-1} がある

ようなものと，局所コンパクト空間の構造，つまり G の位相空間の構造で

- すべての点がコンパクトな近傍を持つ

ようなものが両立している（積写像や逆元をとる写像が連続になっている）ということである．また，普通は第二可算公理が成り立っていること，つまり可算個の開集合によって位相構造が生成されていることも仮定される．この仮定は G の位相が左不変な距離によって定まること，つまり

$$d(gh, gk) = d(h, k), \quad d(g, h) + d(h, k) \geq d(g, k)$$

を満たすような距離関数 $d(g, h)$ によって G 上の関数の連続性が特徴付けられることと同じであり，離散群の場合には群が高々可算集合であるということとも同じである．以下の説明ではこのように第二可算公理が成り立っている場合のみを考える．

局所コンパクト群の構造を調べるための強力な道具となるのが，なんらかのベクトル空間 H_U について，群 G の各元 g に対し H_U 上の可逆線形変換 U_g を与える対応で，積に関する両立条件

$$U_{gh}\xi = U_g U_h \xi \quad (\xi \in H_U)$$

や g についての連続性を満たすものを考えるという線形表現の概念である．抽象的構造を 1 次方程式を用いて具体的に調べられることが線形表現を考えることの第一の意義であるが，さらに線形表現の全体を考えることによって，個々の群がどうやって定義されたかということからは見えなかった性質・対称性を捉えることが可能になる．

線形表現の「入れ物」として現れるベクトル空間として，ベクトルの長さや角度が定式化できるもの（内積空間）を考えると，線形表現の分解などに関する代数的な構造が非常に取り扱いやすくなる．さらに，行列・線形変換の固有値（スペクトル）についての理論がうまく働くように複素数を係数として考えること，お

よび様々な方程式の解を近似的に構成できるように完備（Cauchy 列の極限が存在する）な空間を考えることを要求してたどり着くのが Hilbert 空間の概念である．つまり，H が Hilbert 空間であるということは，

- H は複素数体 $\mathbb{C}$ 上のベクトル空間であり，
- 以下の性質を満たす Hermite 内積 $(\xi, \eta) \in \mathbb{C}$ $(\xi, \eta \in H)$ を持ち,
  - 正値性：$(\xi, \xi) \geq 0, (\xi, \xi) = 0 \Leftrightarrow \xi = 0$
  - 変数の入れ替えは内積の値を共役にする：$(\eta, \xi) = \overline{(\xi, \eta)}$
  - (ξ, η) は ξ について線形：$(\lambda \xi + \xi', \eta) = \lambda(\xi, \eta) + (\xi', \eta)$
- ノルム（長さ）$\|\xi\| = \sqrt{(\xi, \xi)}$ が導く距離 $d(\xi, \eta) = \|\xi - \eta\|$ について H は完備距離空間[2]

となっているということである．Hilbert 空間上の線形変換で，ベクトルの長さを変えないような可逆変換をユニタリ作用素といい，群 G の線形表現で各元 $g \in G$ がユニタリ作用素 U_g として表されるようなものを G のユニタリ表現と呼ぶ．

局所コンパクト群やその線形表現の研究において最も重要な役割を果たすのが Haar 測度と呼ばれる G 上の測度（積分）の概念である．G の左 Haar 測度 μ_G^L とは，G 上の関数 $f(g)$ について不変性の条件

$$\int_G f(g'g) \, d\mu_G^L(g) = \int_G f(g) \, d\mu_G^L(g)$$

が，（両辺が意味を持つ場合に）どんな $g' \in G$ についても成り立つようなものであり，このような測度は定数倍を除いて一意に定まることが知られている．また，同様にして右 Haar 測度 μ_G^R も

$$\int_G f(gg') \, d\mu_G^L(g) = \int_G f(g) \, d\mu_G^R(g)$$

が成り立つようなものとして定められる．もちろん，G が $\mathbb{R}^n$ の場合にはこれらは普通の意味での n 変数関数の積分

$$\int_{-\infty}^{\infty} \cdots \int_{-\infty}^{\infty} f(x_1, \ldots, x_n) \, dx_1 \cdots dx_n$$

---

[2] ベクトルの列 $\xi_1, \xi_2, \ldots$ で $k < i, j$ のとき $d(\xi, \eta) < 2^{-k}$ となるものがあれば $d(\xi, \xi_i) \to 0$ となるような極限のベクトル ξ が存在するということ．2^{-k} という評価は $k \to \infty$ のとき 0 に収束する別のものにとりかえても構わない．

と一致している．

可換群，離散群やコンパクト群については $\mu_G^L = \mu_G^R$ ととることができる (unimodular 性) ので，左と右を区別せずに単に Haar 測度 μ_G と呼ぶ．例えば，離散群の場合には μ_G として個数測度，つまり積分の操作が数列の和と同じになる

$$\int_G f(g)\,d\mu_G(g) = \sum_{g \in G} f(g)$$

というものをとることができる．また，コンパクト群の場合には μ_G が確率測度になる ($\int_G 1\,d\mu_G(g) = 1$) ように正規化するのが普通である．

測度をもとに定義される関数空間のうちで最も重要なのは，絶対値の 2 乗の積分の有界性

$$\int_G |f(g)|^2\,d\mu_G^L(g) < \infty$$

を満たす複素可測関数について，ほとんどいたるところ $f(g) = 0$ となるようなものの違いを無視して得られる空間 $L^2(G, \mu_G^L)$ である．この空間は内積 $(f, f') = \int_G f(g)\bar{f}'(g)\,d\mu_G^L(g)$ によって Hilbert 空間になることがわかっている．また，G について第二可算公理が成り立っているということはこの Hilbert 空間が可分であること，つまり高々可算個の正規直交基底をとることができるということと同じである．

G の元 g と $L^2(G, \mu_G^L)$ に属する関数 f について，$\lambda_g f$ という新たな関数を $(\lambda_g f)(g') = f(g^{-1}g')$ によって定めると，$\lambda_g(\lambda_h f) = \lambda_{gh} f$ および $(\lambda_g f, \lambda_g f') = (f, f')$ が成立している．これは G の $L^2(G, \mu_G^L)$ 上のユニタリ表現が与えられているということであり，この表現のことを左正則表現と呼ぶ．G が離散群ならば $L^2(G, \mu_G)$ は G 上の自乗和可能な数列の空間 $\ell^2(G)$ に等しいが，この空間の自然な正規直交基底 $(\delta_h)_{h \in G}$ を用いれば，λ_g は $\lambda_g \delta_h = \delta_{gh}$ という左から番号をずらす操作として表すことができる．

このようなユニタリ表現がどのような構造を持っているか，特にどのように分解できるのかという問題が表現の理論における最も基本的な問題である．ここで，表現の分解とは以下のような考え方を指す．G のユニタリ表現が $U = (H_U, (U_g)_{g \in G})$, $V = (H_V, (V_g)_{g \in G})$ のように二つあったとしよう．このとき，直和ベクトル空間 $H_U \oplus H_V$ 上の線形変換

$$U_g \oplus V_g : \xi \oplus \eta \mapsto U_g \xi \oplus V_g \eta$$

たちによって G の新たな表現が与えられている．別の表現 $(H_W, (W_g)_g)$ について，可逆変換 $T \colon H_W \to H_U \oplus H_V$ で

$$W_g T = T(U_g \oplus V_g) \quad (g \in G)$$

を満たすものがあるとき，W は U と V の直和として分解されるというのである．既約ユニタリ表現とはこのような形の非自明な分解[3]を持たないものであり，それらがユニタリ表現の構造の基本的なブロックとなるべきものになっている．

G がコンパクト群のときには，どんなユニタリ表現も既約部分表現の直和へと分解することができる（完全可約性）．特に，$L^2(G, \mu_G)$ 上の左正則表現の既約分解を考えると，これは各既約ユニタリ表現 π を重複度 $\dim H_\pi$ で含んでいる．つまり，

$$L^2(G, \mu_G) \simeq \bigoplus_{\pi \in \mathrm{Irr}\, G} H_\pi^{\oplus \dim H_\pi}$$

というユニタリ表現の同型が（右辺の直和を Hilbert 空間のノルムについて完備化して）成り立つということである．

上記の左正則表現の分解は，さらに以下のような形で精密化できる．まず，Hilbert 空間 H 上のユニタリ表現 $(U_g)_{g \in G}$ について，複素共役空間 $\bar{H}$ [4] 上のユニタリ表現が $\bar{U}_g \bar{\xi} = \overline{U_g \xi}$ によって与えられることに注意しよう．また，$L^2(G, \mu_G)$ 上には右正則表現が $(\rho_g f)(g') = f(g'g)$ によって定まっており，左正則表現と合わせれば直積群 $G \times G$ のユニタリ表現があることになる．この群の表現としては，（左表現の分解に対応するパラメーター付けを $\pi \to \bar{\pi}$ と変更することにして）テンソル積（A.1 節）を用いて

$$L^2(G, \mu_G) \simeq \bigoplus_{\pi \in \mathrm{Irr}\, G} \bar{H}_\pi \otimes H_\pi$$

と表すことができる（Peter–Weyl の定理）．ここで $\bar{\xi} \otimes \eta$ $(\xi, \eta \in H_\pi)$ というベクトルは $f_{\xi, \eta}(g) = (\pi(g)\eta, \xi)$ という行列係数関数に対応しており，Peter–Weyl の定理は，既約表現の行列係数の一次結合が G 上の関数をいくらでも近似でき，

---

[3] $U = 0$ や $V = 0$ となるときを自明な分解という．

[4] 集合としては H と同じだが，スカラー倍の操作を複素共役でひねったもの．つまり，$\bar{H}$ の元で $\xi \in H$ に対応するものを改めて $\bar{\xi}$ と書くことにすれば $\overline{\lambda \xi} = \bar{\lambda} \bar{\xi}$ が成り立つ．

異なる既約表現から得られる行列係数は Haar 測度による内積に関して互いに直交しているということに対応している.

1.3 局所コンパクト群に付随する代数系

局所コンパクト群の構造を調べる際に重要な役割を果たすのが,そのような群の構造を反映した種々の関数空間からなる代数系である.これには大きく分けて,G 上の関数の各点での値の積を考えた代数系と,たたみ込み積と呼ばれる G の積をもとにした積を考えた代数系の 2 種類の系統がある.

まず,G 上の関数の各点での値の積
$$(f \cdot f')(g) = f(g)f'(g)$$
をもとにした代数系については,Haar 測度に関する本質的有界可測関数の体系 $L^\infty(G, \mu_G^L)$ や,無限遠で 0 に収束する連続関数の体系
$$C_0(G) = \{f \mid d(g_n, e) \to \infty \text{ のとき } f(g_n) \to 0\}$$
を考えることができる.これらは,$f \cdot f'$ の f' を $L^2(G, \mu_G^L)$ のベクトルに置き換え,$f \cdot f'$ も $L^2(G, \mu_G^L)$ のベクトルと見なすことにより,Hilbert 空間上の有界線形作用素の代数系(作用素環)として表すことができる.

特殊線形群 $\mathrm{SL}(n, \mathbb{C})$ や複素特殊直交群 $\mathrm{SO}(n, \mathbb{C})$ のような複素半単純線形代数群 $G_\mathbb{C}$ の場合には,上記のように局所コンパクト群としての有界関数の代数系を考えることもできるが,アフィン代数多様体としての構造を反映した正則関数の代数系を考えることも重要である.上記のような $G_\mathbb{C}$ に対して $\mathrm{SU}(n)$ や $\mathrm{SO}(n)$ のような極大コンパクト部分群 G を考えたとき,G の有限次元複素線形表現は $G_\mathbb{C}$ の複素正則線形表現に一意的に拡大できる(Weyl のユニタリトリック).この対応により,行列係数関数の空間
$$\mathcal{O}(G) = \bigoplus_{\pi \in \mathrm{Irr}\, G} \bar{H}_\pi \otimes H_\pi \tag{1.1}$$
(右辺は代数的な直和をとったもの)を $G_\mathbb{C}$ の正則関数の代数系と同一視することができる.このようにして $G_\mathbb{C}$ 上の正則関数の体系は G 上の連続関数の体系の自然な部分環として理解することができる.

各点ごとの値の積が G の群としての構造を用いずに定義されたのとは対照的

に，たたみ込み積は G の積を直接線形化したものになっている．G が有限群の場合，G 上の関数 f を考えるということと G の元の形式的な線形結合 $\sum_{g \in G} f(g)g$ を考えるということは同じであるが，G の積を線形性によって拡張することで

$$\sum_{g'' \in G} (f * f')(g)g = \sum_{g',g'' \in G} f(g')f'(g'')g'g''$$

によって特徴付けられる関数の新たな積 $f * f'$ を定めることができる．この式を純粋に関数に関する操作として書き直せば

$$(f * f')(g) = \sum_{g = g'g''} f(g')f'(g'')$$

という形に表される．この積に関する環 $\mathbb{C}[G]$ が，G の群環と呼ばれる環である．

$\mathbb{C}[G]$ のような $\mathbb{C}$ 代数 A に対し，A 加群とは，ベクトル空間 M に $\mathbb{C}$ 代数の準同型写像 $A \to \mathrm{End}(M)$，つまり，A の各元 a に対して M 上の線形変換

$$M \to M, \quad m \mapsto a.m$$

で $1_A.m = m$, $a.(b.m) = (ab).m$ を満たすようなものを与える（a についても線形な）対応を合わせて考えたもののことであった．特に，群環 $\mathbb{C}[G]$ 上の加群を考えるということは，$g \in \mathbb{C}[G]$ の作用を U_g と見なすことによって G の線形表現を考えるということと同じになっている．

一般的な局所コンパクト群の場合は上の式が無限和の形になってしまうため，Haar 測度による積分を用いて適切に定式化する必要がある．再び $L^2(G, \mu_G^L)$ の有界線形変換の代数系としてどのように表されるべきかということを考えると，絶対値の積分が有界になるような関数の空間

$$L^1(G, \mu_G^L) = \left\{ f \ \middle| \ \int_G |f(g)| \, d\mu_G^L(g) < \infty \right\}$$

は $L^2(G, \mu_G^L)$ に，

$$(f * \xi)(g) = \int_G f(h) \xi(h^{-1}g) \, d\mu_G^L(h) \quad (\xi \in L^2(G, \mu_G^L))$$

によって表現できることがわかる．この表現に整合的な $*$ の公式は

$$(f * f')(h) = \int_G f(k) f'(k^{-1}h) \, d\mu_G^L(k)$$

である．この積は有限群の群環の積の一般化になっており，G の Banach 空間上

への等長線形表現はやはり $L^1(G, \mu_G^L)$ 上の加群の構造を持つことがわかる．

また，正則表現 $L^2(G, \mu_G^L)$ 上の作用素の体系を考える場合には，上の表現によって表されるような作用素で近似できるようなものからなる $C_r^*(G)$（作用素ノルムに関する近似，群 C* 環）や $L(G)$（各点収束による近似，群 von Neumann 環）を考えることが多い．また，$L(G)$ の場合には $L^1(G, \mu_G^L)$ を経由せずに，λ_g というユニタリ作用素たちの線形結合によって近似できるものすべてとして定義することもできる．以上が局所コンパクト群に対して一般的に定められる代数系の代表的なものである．

さらに，G が Lie 群（多様体の構造を持つ群）になっている場合には，Lie 環 $\mathfrak{g} = \mathrm{Lie}\,G$ と呼ばれる有限次元の体系によって G の積を捉えることができる．これは，右から G の元をかけるという変換について不変なベクトル場のなす空間にベクトル場の交換子積（bracket 積）$[\xi, \eta]$ を合わせて考えたものである．不変性の条件から，この体系はベクトル空間としては G の単位元 e における接空間 $T_e G$ と同一視することができる．また，$\mathrm{SL}(n, \mathbb{C})$ のような複素代数群の場合には，$\mathfrak{g}$ は自然に複素ベクトル空間になっている．

G が一般線形群 $\mathrm{GL}(n, \mathbb{C})$ の閉部分群として実現されている場合には，単位行列の接空間である $M_n(\mathbb{C})$ における交換子積 $[X, Y] = XY - YX$ を G の接空間に制限したものが $[\xi, \eta]$ に他ならない．抽象的には，実ベクトル空間 $\mathfrak{g}$ に対して定められた操作

$$\mathfrak{g} \times \mathfrak{g} \ni (\xi, \eta) \mapsto [\xi, \eta] \in \mathfrak{g}$$

で，

- 反対称性 $[\eta, \xi] = -[\xi, \eta]$
- Jacobi 恒等式 $[[\xi, \eta], \zeta] = [\xi, [\eta, \zeta]] - [\eta, [\xi, \zeta]]$

を満たすものは上のようにして Lie 群から得られることが知られている（Cartan–Lie の定理）．ここでの Jacobi 恒等式は G の積が結合律を満たすということに対応した方程式である．

例 1.1（Lie 環 $\mathfrak{sl}_2$） 我々にとって最も重要な例は 2 次特殊線形群 $\mathrm{SL}(2, \mathbb{C})$ の Lie 環 $\mathfrak{sl}_2$ である．これは，2 次行列

$$E = \begin{pmatrix} 0 & 1 \\ 0 & 0 \end{pmatrix}, \quad F = \begin{pmatrix} 0 & 0 \\ 1 & 0 \end{pmatrix}, \quad H = \begin{pmatrix} 1 & 0 \\ 0 & -1 \end{pmatrix}$$

を基底とする 3 次元の複素 Lie 環で，具体的に交換子積を計算してみればわかるように，Lie bracket は

$$[E,F] = H, \quad [H,E] = 2E, \quad [H,F] = -2F \tag{1.2}$$

によって特徴付けられていることがわかる．

たたみ込み積についての環の場合と同様に，G の（よい）線形表現は $\mathfrak{g}$ 加群の構造を持つ．ここで，ベクトル空間 V が $\mathfrak{g}$ 加群であるということは $\mathfrak{g}$ の元 ξ と V の元 v に対して V の元 $\xi.v$ が

$$\xi.(\eta.v) - \eta.(\xi.v) = [\xi,\eta].v$$

を満たすように定まるということだが，この条件は Lie 環の準同型 $\mathfrak{g} \to \mathrm{End}(V)$ が与えられていると表すこともできるし，$\mathfrak{g} \oplus V$ 上の Lie 環の構造で $v, w \in V$ について $[v,w] = 0$ となるようなものがあるというように言い換えることもできる．

$\mathfrak{g}$ の積は群環のたたみ込み積とは異なり結合律を満たさないが，普遍包絡環 (universal enveloping algebra) と呼ばれる構成により，群環に相当する結合的な代数系を $\mathfrak{g}$ をもとにして構成することができる．この代数 $\mathcal{U}(\mathfrak{g})$ は $\mathfrak{g}$ の元の形式的な積やそれらの線形結合からなり，

$$\xi \cdot \eta - \eta \cdot \xi = [\xi,\eta] \quad (\xi, \eta \in \mathfrak{g})$$

（左辺は $\mathcal{U}(\mathfrak{g})$ における計算，右辺は $\mathfrak{g}$ における計算）という関係だけを課したようなものである．この定義から，$\mathcal{U}(\mathfrak{g})$ 加群の概念は $\mathfrak{g}$ 加群の概念とまったく同じものであることがわかる．

1.4　Pontryagin 双対性

積が可換性を満たす局所コンパクト群 G の Pontryagin 双対とは，絶対値 1 の複素数からなる群 $\mathrm{U}(1) = \{\lambda \in \mathbb{C} \mid |\lambda| = 1\}$ への連続準同型のなす群 $\hat{G}$ のことである．例えば $G = \mathbb{Z}$ の場合は $\hat{G} \simeq \mathrm{U}(1)$，$G = \mathbb{R}$ の場合には $\hat{G} \simeq \mathbb{R}$ となっている．Fourier 変換において $\exp(2\pi\sqrt{-1}\xi \cdot x)$ という因子が現れたが，x 変数の表す空間が G ならば ξ 変数の表す空間は $\hat{G}$ になるということである．Pontryagin の双対性定理により，$\hat{G}$ の双対 $\hat{\hat{G}}$ は G に自然に同型であり，さらに G がコンパクトであるということと $\hat{G}$ が離散であるということは同値になる．

Pontryagin 双対性がもたらす重要な視点は，G と $\hat{G}$ に付随する代数系を考えたとき，

$$G \text{ の各点での積に関する環} = \hat{G} \text{ のたたみ込み積に関する環}$$

という対応や，G と $\hat{G}$ の役割を入れ替えた対応が成り立っているということである．この対応が直接的な意味で成り立つのは G が有限（したがって，自然でない同型により $\hat{G} \simeq G$) という場合だが，局所コンパクトな場合にも正則表現 Hilbert 空間への作用素環としての表現を考えることにより上の対応を正当化することができる．

G が可換でない場合には，$\hat{G}$ を直接（統一的な方法で与えられる）群として定義するのには困難がある．そのような場合でもどのようにすれば Pontryagin 双対性に当たる現象を捉えることができるのか，という問題には複数の答がある．

G がコンパクトな場合に有効なのは，$\hat{G}$ の代わりに G の有限次元線形表現を考えたり，G の線形表現のテンソル積がどのように分解するかを記述した表現環 $R(G)$ を考えたりするというものである．実際に，G_1, G_2 が連結コンパクト Lie 群の場合には，表現環の同型 $R(G_1) \simeq R(G_2)$[5] は確かに G_1 と G_2 の間の同型を導いている [McM84]．

本書の主題である量子群との関係から特に重要なのは，淡中–Krein 双対性定理と呼ばれる以下の定理である．コンパクト群 G に対し，その有限次元ユニタリ表現のなすテンソル圏（第 8 章参照）Rep G は

- テンソル成分の入れ替え $\xi \otimes \eta \mapsto \eta \otimes \xi$ によって与えられる対称 braiding
- 各表現がどのような Hilbert 空間で表されているかを表す，Rep G から有限次元ヒルベルト空間の圏へのテンソル関手（ファイバー関手，忘却関手）$F: \pi \mapsto H_\pi$

という付加的な構造を持つ．このとき G の各元は F のテンソル関手としての自己同型 $H_\pi \to H_\pi, \xi \mapsto \pi(g)\xi$ を引き起こすが，この対応 $G \to \mathrm{Aut}^{\otimes}(F)$ は位相群の同型写像になっている．さらに，上のようなファイバー関手 F と（それに整合的な）対称 braiding を持つテンソル圏は Rep $\mathrm{Aut}^{\otimes}(F)$ とテンソル圏として同値になる．

---

[5] 単なる環としての同型ではなく，G_1 の既約表現の類が G_2 の既約表現の類に移るということも要求する．

また，一般的な局所コンパクト群の枠組みでは，G が可換な場合に成り立つ公式
$$L(G) \simeq L^\infty(\hat{G}), \quad L^\infty(G) \simeq L(\hat{G})$$
という対応を，G が非可換だったとしても仮想的な対象 $\hat{G}$ の定義としてしまうという考え方もできる．この考え方が第 7 章で解説するような作用素環論的な理論の出発点になる．

1.5 Hopf 環

前節で紹介した様々な代数系は，単なる結合的な積の構造だけではなく，Hopf 環の構造と呼ばれる付加的な情報を持っている．具体的には，結合律を満たす積 $m\colon (x,y) \mapsto xy$ と単位元 1 を持った代数系 H に，

- 余積：準同型 $\Delta\colon H \to H \otimes H$
- 余単位：準同型 $\epsilon\colon H \to \mathbb{C}$
- antipode：線形写像[6]　$S\colon H \to H$

で，

- 余結合律：$(\Delta \otimes \iota)\Delta(x) = (\iota \otimes \Delta)\Delta(x)$,
- counit 条件：$(\epsilon \otimes \iota)\Delta(x) = x = (\iota \otimes \epsilon)\Delta(x)$,
- antipode 条件：$m(\iota \otimes S)\Delta(x) = \epsilon(x)1 = m(S \otimes \iota)\Delta(x)$

という条件を満たすようなものを合わせて考えたものを Hopf 環という．ただし，H がなんらかの位相を持った無限次元の環になっている場合には，テンソル積[7] $H \otimes H$ の意味付けをする際に適切な完備化の操作を行ったり，単位元, counit, antipode などの存在の仮定を別の条件に置き換えたりする必要がある．例えば $L^\infty(G)$ の場合にはテンソル積として von Neumann 環のテンソル積 $L^\infty(G) \bar{\otimes} L^\infty(G) \simeq L^\infty(G \times G)$ を考える．このとき counit は意味を持たないが，Haar 測度による積分に相当する汎関数の存在を仮定することになる．

H として G 上の各点での値の積を考えた代数系の場合には，$H \otimes H$ は（適切な完備化のもとで）$G \times G$ 上の関数の体系だと見なすことができる．このとき，

---

[6] 以下に述べる antipode 条件から，S は $S(xy) = S(y)S(x)$ や $\Delta(x) = \sum_i y_i \otimes z_i$ について $S(\Delta(x)) = \sum_i S(z_i) \otimes S(y_i)$ を満たす（m や Δ に関する反準同型になる）ことが従う．

[7] テンソル積については A.1 節を参照のこと．

余積写像とは G の積写像に関する引き戻し，つまり $\Delta(f)(g,h) = f(gh)$ によって特徴付けられるような写像である．また，antipode は逆元をとるという写像に関する引き戻し $(S(f))(g) = f(g^{-1})$ だと解釈することができる．こうして H の結合的な代数としての構造によって位相空間・測度空間・アフィン代数多様体としての G の構造が，また余積や antipode によって群としての構造が記述されることになる．

H としてたたみ込み積を考えた代数系の場合には，H における積がすでに G の積の構造を反映しているのだった．この場合の余積とは，H の中における G の元が $\Delta(u) = u \otimes u$ (group-like な元) を満たしているような準同型として特徴付けられる．有限群の群環ならば，この要請によって

$$\Delta\Big(\sum_{g \in G} f(g)g\Big) = \sum_{g \in G} f(g)g \otimes g$$

となることが従う．$L(G)$ の場合にはやはり同様に $\Delta(\lambda_g) = \lambda_g \otimes \lambda_g$ が von Neumann 環の準同型 $L(G) \to L(G) \bar{\otimes} L(G)$ に拡張することがわかる．これらの例ではやはり antipode は逆元をとるという写像に対応している．

Lie 環の枠組みでは $\mathfrak{g}$ 自身のテンソル積に値を持つ余積写像は定義できないが，$\mathfrak{g}$ の元 ξ に対して，$\mathcal{U}(\mathfrak{g})$ における余積を $\hat{\Delta}(\xi) = \xi \otimes 1 + 1 \otimes \xi$ となるような準同型写像として，counit を $\hat{\epsilon}(\xi) = 0$ となるような $\mathbb{C}$ への準同型写像として，antipode を $\hat{S}(\xi) = -\xi$ となるような反自己同型として定めれば，$\mathcal{U}(\mathfrak{g})$ は代数的なテンソル積に関して Hopf 環の構造を持つことがわかる．このとき $\mathcal{U}(\mathfrak{g})$ の完備化における元

$$e^\xi = 1 + \xi + \frac{\xi^2}{2} + \cdots + \frac{\xi^n}{n!} + \cdots \quad (\xi \in \mathfrak{g})$$

が $\mathfrak{g}$ に対応する Lie 群 G の元だと見なせるが，$\hat{\Delta}(\xi)$ に関する公式から確かに $\hat{\Delta}(e^\xi) = e^\xi \otimes e^\xi$ が成立していることがわかる．

最後に，Hopf 環は以下の意味で自己双対的な概念であるということを注意しておこう．Hopf 環 H に対し，その双対空間[8]を $\hat{H}$ と書くことにする．$\mathbb{C}$ から H への写像 $\eta(\alpha) = \alpha 1$ や m, Δ, ϵ, S の転置写像たち

---

[8] H が無限次元の場合には，$\hat{H}$ として H の双対空間全体ではなく，文脈に応じた適切な部分空間をとる必要がある．

$$\hat{m} = \Delta^t : \hat{H} \otimes \hat{H} \to \hat{H}, \quad \hat{\Delta} = m^t : \hat{H} \to \hat{H} \otimes \hat{H},$$

$$\hat{\eta} = \epsilon^t : \mathbb{C} \to \hat{H}, \quad \hat{\epsilon} = \eta^t : \hat{H} \to \mathbb{C}, \quad \hat{S} = S^t : \hat{H} \to \hat{H}$$

の意味付けができるとき，$\hat{H}$ はこれらに関する[9] Hopf 環になっている．例えば，$\hat{m}$ が結合律を満たすということは，Δ が余結合律を満たすということからの帰結である．

前節で，局所コンパクト群 G からは大きく分けて各点ごとの積に関するものと，たたみ込み積に関するものの 2 種類の Hopf 環が得られるということを上で述べたが，実はこれらが H と $\hat{H}$ に相当する双対性を満たしている．もちろん無限次元の場合には適切な意味付けが必要だが，例えば $L^1(G, \mu_G^L)$ の位相ベクトル空間としての双対は $L^\infty(G, \mu_G^L)$ になっているし，$\mathcal{U}(\mathfrak{g})$ と $\mathcal{O}(G)$ の間にも自然な pairing

$$(X, \bar{\xi} \otimes \eta) = (D\eta, \xi)$$

が考えられる．後者は，$\mathcal{U}(\mathfrak{g})$ を G 上の左不変微分作用素の体系と見なせば

$$(D, f) = (Df)(e) \quad (f \in \mathcal{O}(G), D \in \mathcal{U}(\mathfrak{g}))$$

だとも解釈できる．

1.6　ノート

局所コンパクト群上の関数の体系に関する理論は現代数学の主要な分野の一つである表現論の基礎をなしている．表現論に関する教科書は様々なものが出版されているが，本書で紹介した内容は例えば [小林 05] でカバーされている．コンパクト Lie 群の表現論については [FH91] などが標準的な文献である．

Hopf 環の基礎については [阿部 77] を参照せよ．Pontryagin 双対性への作用素環論的アプローチについては [ES92, 辰馬 94] などの文献がある．

---

[9] $\hat{\Delta}$ としてここで挙げたものとは結果の成分を入れ替えたものを用いるなど，$\hat{H}$ の Hopf 環としての構造の定義にはいくつかの流儀がある．

参考文献

[ES92]　　M. Enock, J.-M. Schwartz. *Kac algebras and duality of locally compact groups*. Springer-Verlag, Berlin, 1992.

[FH91]　　W. Fulton, J. Harris. *Representation theory*. Graduate Texts in Mathematics 129. New York: Springer-Verlag, 1991.

[McM84]　J. R. McMullen. "On the dual object of a compact connected group". *Math. Z.* **185** (4) (1984), pp. 539–552.

[小林 05]　小林俊行・大島利雄. 『リー群と表現論』. 岩波書店. 2005.

[辰馬 94]　辰馬伸彦. 『位相群の双対定理』. 紀伊国屋数学叢書 32. 紀伊國屋書店. 1994.

[阿部 77]　阿部英一. 『ホップ代数』. 数学選書. 岩波書店. 1977.

第 2 章
Yang–Baxter 方程式

　第 1 章で紹介した Portryagin 双対性・Hopf 環と並び量子群の概念に至る基礎をなすのが，可積分系の理論から生まれた Yang–Baxter 方程式と呼ばれる一連の方程式である．

2.1　可積分系と量子 Yang–Baxter 方程式

　量子 Yang–Baxter 方程式とは，
$$R_{12}R_{13}R_{23} = R_{23}R_{13}R_{12}$$
という形の方程式である．ただし，R は $\sum_i a_i \otimes b_i$[1]という形に書けるようなものであり，R_{12} などの記法は
$$R_{12} = \sum_i a_i \otimes b_i \otimes 1, \quad R_{13} = \sum_i a_i \otimes 1 \otimes b_i$$
という式で与えられるものを表している．また，上の方程式に現れる $R_{12}R_{23}$ という項は $\sum_{i,j} a_i \otimes b_i a_j \otimes b_j$ として計算される．つまり，量子 Yang–Baxter 方程式は和と積の操作が定められた代数系 A のテンソル積 $A \otimes A$ の元に関する方程式であり，この方程式[2]の解のことを R 行列と呼ぶ．代数系 A として，最も基本的な例である有限次元の行列環を考えた場合でも，自明な解である $R = 1_A \otimes 1_A$ 以外に Yang–Baxter 方程式の解を見つけたり分類したりすることは難しい問題である．非自明な解の例については 3.1 節を参照のこと．

　量子 Yang–Baxter 方程式は，Yang [Yan67] と Baxter [Bax72, Bax82] により数理物理の異なる文脈において独立に定式化された．Yang が考察したのは以

---
[1]テンソル積については A.1 節を参照のこと．
[2]A が Hopf 環の場合には，2.4 節で述べるようにさらに余積に関する条件を課す．

下のような，1次元の空間内で粒子が衝突するときにどのような状態の変化が起きるかという問題（散乱問題）である．

n 種類の状態をとるような二つの粒子の状態の可能性を表すベクトル空間は $\mathbb{C}^n \otimes \mathbb{C}^n$ であり，二つの粒子が衝突する過程でどのような状態の変化が起こるかということは，散乱行列と呼ばれる $M_n(\mathbb{C}) \otimes M_n(\mathbb{C})$ の元 S（n^2 の大きさの正方行列）によって表される．光子のように衝突の際にまったく相互作用を起こさず通過してしまう状況に対応するのが，テンソル成分の入れ替えを表す行列 $\sigma(\xi \otimes \eta) = \eta \otimes \xi$ が散乱行列になっている場合であり，一般の場合には状態変化の確率の分布に応じて，S はより複雑な形を持つ．

三つの粒子が衝突する過程が，二つずつの組合せに関する相互作用を組み合わせて表すことができる場合を考えよう（Bethe 仮説の議論）．このとき，全体の結果は二つずつの組合せを考える順番によらない，という条件を表すのが

$$S_{12}S_{23}S_{12} = S_{23}S_{12}S_{23}$$

という方程式である（図 2.1 参照）．テンソル成分の入れ替えを表す行列を用いて $S = \sigma R$ という積の形に表すと，この方程式は R に関する量子 Yang–Baxter 方程式と同じになる．

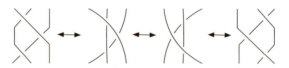

図 2.1 散乱行列の整合性

Baxter が考察したのは 2 次元の可解格子模型の問題である．平面上で格子状に並んだ頂点がそれぞれ四つの辺につながっている格子グラフの各辺に対して n 通りの状態「スピン」の可能性を考え，さらに各頂点ごとに，そこにつながっている四つの辺の状態（i_1, i_2, j_1, j_2 によって表される）とスペクトルパラメーターと呼ばれる追加のパラメーター u に依存する重み付け $R^{j_1 j_2}_{i_1 i_2}(u)$ を考える．このとき，$\{i\} = (i_1, \ldots, i_N)$ という形の添字の組に関する，転送行列 $T^{\{j\}}_{\{i\}}$ と呼ばれる行列が

$$T^{\{j\}}_{\{i\}}(u) = \sum_{k_1, \ldots, k_N} R^{j_1 k_2}_{i_1 k_1}(u) R^{j_2 k_3}_{i_2 k_2}(u) \cdots R^{j_N k_1}_{i_N k_N}(u)$$

によって定められる．これは列の数が N の円環状の格子内の一つの行に関する重みと解釈することができる．さらに，行の数を M としたトーラス状の格子に関する分配関数は $\text{Tr}(T(u)^M)$ によって与えられる．

Baxter は，このような設定のもとで $\left(R^{j_1 j_2}_{i_1 i_2}(u)\right)_{i_1,i_2,j_1,j_2}$ が $M_n(\mathbb{C}) \otimes M_n(\mathbb{C})$ （ただし，i_1, j_1 を左側のテンソル成分に関する行列成分の番号付け，i_2, j_2 を右側のテンソル成分に関する行列成分の番号付けとする）に値を持つ関数で

$$R(u_1-u_2)_{12} R(u_1-u_3)_{13} R(u_2-u_3)_{23}$$
$$= R(u_2-u_3)_{23} R(u_1-u_3)_{13} R(u_1-u_2)_{12}$$

という方程式（スペクトルパラメーター付き Yang–Baxter 方程式）を満たすならば，異なる u の値に関する転送行列は互いに可換であることを示した（図 2.2 参照）．このことが様々な具体例において実際に分配関数を求める際に重要な役割を果たす．

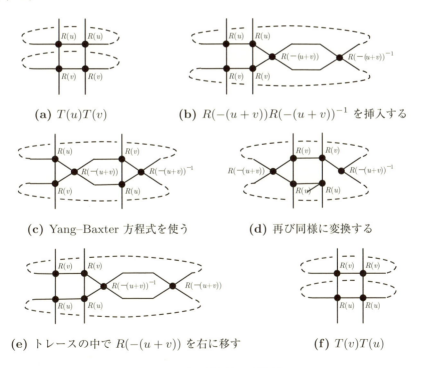

図 2.2　転送行列の可換性

数学者の間で Yang–Baxter 方程式が知られようになったのは，Faddeev らによる量子逆散乱理論の発展がきっかけである．逆散乱問題とは，未知のポテンシャルを持つ Schrödinger 方程式などの解に対して与えられた「反射係数」をもとにしてポテンシャルを決定するという問題であり，以下のような考察 [Gar+67] がもとになっている．

1 次元の空間において時間発展しているポテンシャル $v(x,t)$ で，$x \to \pm\infty$ のとき $v(x,t) \to 0$ となるものについての Schrödinger 方程式

$$\partial_t^2 \psi(x,t) + k^2 \psi(x,t) = v(x,t)\psi(x,t)$$

を考える．この方程式の解 ψ で，$x \to \pm\infty$ における漸近的な振る舞いが

$$\psi(x) \sim \begin{cases} e^{\sqrt{-1}kx} + b(k,t)e^{-\sqrt{-1}kx} & (x \sim \infty) \\ a(k,t)e^{\sqrt{-1}kx} & (x \sim -\infty) \end{cases}$$

($|a|^2 + |b|^2 = 1$) となるものを考えると，ポテンシャルが Korteweg–de Vries 方程式（KdV 方程式：ソリトンの方程式）

$$\partial_t v = 6v\partial_x v - \partial_x^3 v$$

に従うということと，反射係数が

$$a(k,t) = a(k,0), \quad b(k,t) = b(k,0)e^{8\sqrt{-1}k^3 t}$$

の形で発展するということが同じになる．

この方法論を作用素を用いて代数化した Lax pair の理論や，Shabat, Zakharov による非線形 Schrödinger 方程式との類似に基づき，Faddeev を中心としたグループ [STF79, TF79] は逆散乱問題の「量子化」を推し進めた．

ここで重要なのは，以下のような Lax pair による言い換えを経由した平坦性条件による逆散乱問題の言い換えである．与えられた関数を微分するという変換を ∂_x，関数 u をかけるという変換を改めて記号 u で表すことにすれば，KdV 方程式は Lax pair

$$L = -\partial_x^2 + v, \quad B = -4\partial_x^3 + 6v\partial_x + 3(\partial_x v)$$

を用いて $[\partial_t, L] = [B, L]$ と言い換えられるが，これは L の時間発展が $L = e^{tB}L_{t=0}e^{-tB}$ によって与えられるということに他ならない．ここで形式的に，ϕ_0 が $L_{t=0}$ の固有値 $-\lambda^2$ の固有ベクトルになっていたとする．このとき，$\phi = e^{tB}\phi_0$

についての方程式 $L\phi = -\lambda^2 \phi$, $B\phi = \partial_t \phi$ は，2 次行列

$$U = \begin{pmatrix} \lambda & 1 \\ v & -\lambda \end{pmatrix},$$

$$V = \begin{pmatrix} 4\lambda^3 + 2\lambda v - \partial_x v & -4\lambda^2 + 2v \\ -4\lambda^2 v + 2\lambda \partial_x v - \partial_x^2 v + 2v^2 & -4\lambda^3 - 2\lambda v + \partial_x v \end{pmatrix}$$

を係数とする 1 次微分方程式

$$\partial_x \begin{pmatrix} \phi \\ \partial_x \phi - \lambda \phi \end{pmatrix} = U \begin{pmatrix} \phi \\ \partial_x \phi - \lambda \phi \end{pmatrix},$$

$$\partial_t \begin{pmatrix} \phi \\ \partial_x \phi - \lambda \phi \end{pmatrix} = V \begin{pmatrix} \phi \\ \partial_x \phi - \lambda \phi \end{pmatrix}$$

として表すこともできる．最終的に，U, V を係数とする接続の平坦性条件である $[\partial_x - U, \partial_t - V] = 0$ という簡潔な形の方程式が，出発点であった KdV 方程式を表していることになる．

この平坦性条件は $x = -L$ から $x = L$ までの平行移動作用素

$$T_L(t, \lambda) = \overrightarrow{\exp} \left(\int_{-L}^{L} U(x, t, \lambda) \, dx \right)$$

のトレースが t の値によらないということを導く．つまり，$\operatorname{Tr} T_L(t, \lambda)$ はなんらかの保存量を表しているということである．さらに，$v(x)$ たちを「変数」とする空間上の Poisson 構造で

- 時間発展を $\{v, H\} = \partial_t v$ の形で表す元 H (Hamiltonian) が存在し，
- $\operatorname{Tr} T_L(t, \lambda)$ が互いに Poisson 構造（5.1 節参照）に関して交換する，すなわち

$$\{\operatorname{Tr} T_L(t, \lambda), \operatorname{Tr} T_L(t, \mu)\} = 0$$

を満たすものが見つかれば，Liouville の完全可積分性条件の理論との類似が得られることになる．今の設定では，実際に

$$\{v(x), v(y)\} = \delta'(x - y), \quad H = \int_{-\infty}^{\infty} -v(x)^3 + \frac{1}{2}(\partial_x v(x))^2 \, dx$$

が上記の条件を満たしており，$\operatorname{Tr} T_L(t, \lambda)$ たちの可換性は，互換を表す行列 $\sigma \in$

$M_2(\mathbb{C})$ について

$$\{T_L(t,\lambda) \underset{,}{\otimes} T_L(t,\mu)\} = \left[\frac{\sigma_{23}}{\mu^2 - \lambda^2}, T_L(t,\lambda)_{12} T_L(t,\mu)_{13}\right]$$

が成り立つことから従う．ここで，$T_L(t,\lambda) = \sum_{i,j=1}^{2} a(t,\lambda)_{ij} \otimes e_{ij}$ について

$$\{T_L(t,\lambda) \underset{,}{\otimes} T_L(t,\mu)\} = \sum_{i,j,k,l} \{a(t,\lambda)_{ij}, a(t,\mu)_{kl}\} \otimes e_{ij} \otimes e_{kl}$$

と書いた．

以上のような状況を「量子化」して得られるのが

$$\check{R}(\lambda,\mu)_{23} T(\lambda)_{12} T(\mu)_{13} = T(\mu)_{12} T(\lambda)_{13} \check{R}(\lambda,\mu)_{23} \qquad (2.1)$$

という形の方程式である．ただし，$T(\lambda)$ はなんらかの「作用素」の代数系 A を成分とする行列（$A \otimes M_n(\mathbb{C})$ の元）であり，$\check{R}(\lambda,\mu)_{23}$ は $M_n(\mathbb{C}) \otimes M_n(\mathbb{C})$ の元を表している（したがって，上の方程式は $A \otimes M_n(\mathbb{C}) \otimes M_n(\mathbb{C})$ の中で考えたものである）．特に，$\check{R}(\lambda,\mu)$ が 1 変数の関数 $\check{R}(u)$ を用いて $\check{R}(\lambda - \mu)$ と書ける場合を考えよう．$T(\lambda)_{12} T(\mu)_{13} T(\nu)_{14}$ を $T(\nu)_{12} T(\mu)_{13} T(\lambda)_{14}$ の共役に変換する方法は，

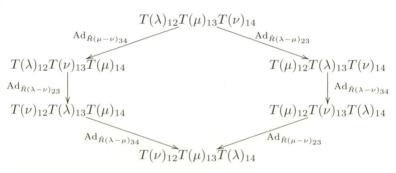

のように 2 種類あるが，それらが同じ結果を与えるという要請から $R(u) = \check{R}(u)\sigma$ に関するスペクトルパラメーター付きの量子 Yang–Baxter 方程式が得られる．

2.2　古典的 Yang–Baxter 方程式

古典的 Yang–Baxter 方程式とは，Lie 環 $\mathfrak{g}$ のテンソル積 $\mathfrak{g} \otimes \mathfrak{g}$ の元に関する

$$[r_{12}, r_{13}] + [r_{12}, r_{23}] + [r_{13}, r_{23}] = 0$$

という形の方程式である．ここで，$r = \sum_i a_i \otimes b_i$ と表したとき，例えば $[r_{12}, r_{13}]$ は $\sum_{i,j} [a_i, a_j] \otimes b_i \otimes b_j$ によって与えられる $\mathfrak{g} \otimes \mathfrak{g} \otimes \mathfrak{g}$ の元を表している．古典的 Yang–Baxter 方程式の解のことを r 行列ともいう．

n^2 次正方行列における量子 Yang–Baxter 方程式の解で，補助的なパラメーター h に関して $R = I_n \otimes I_n + hr + o(h)$ という形の展開を持つものがあったとする．このとき，h に関して 1 次の項の係数 r は行列の交換子 $[X, Y] = XY - YX$ に関して古典的 Yang–Baxter 方程式を満たしている．実際，量子 Yang–Baxter 方程式の両辺を展開してみると

$$I_{n^3} + h(r_{12} + r_{13} + r_{23}) + h^2(r_{12}r_{13} + r_{12}r_{23} + r_{13}r_{23}) + o(h^2)$$
$$= I_{n^3} + h(r_{23} + r_{13} + r_{12}) + h^2(r_{23}r_{13} + r_{23}r_{12} + r_{13}r_{12}) + o(h^2)$$

となり，h^2 の係数の差が古典的 Yang–Baxter 方程式の左辺になるからである．さらに，R が一定の部分 Lie 群に値をとる場合は，対応する $\mathfrak{gl}_n$ の部分 Lie 環における古典的 Yang–Baxter 方程式の解が得られる．

また，スペクトルパラメーター付きの量子 Yang–Baxter 方程式の解で $R(u) = I_{n^2} + hr(u) + o(h)$ という形の展開を持つものについても，r_{ij} を $r(u_i - u_j)_{ij}$ に置き換えた形の古典的 Yang–Baxter 方程式が成り立つことが同様にしてわかる．前節で $\mathrm{Tr}\, T_L(t, \lambda)$ たちの Poisson 可換性を説明する際に現れた行列 $r(\lambda^2 - \mu^2) = \sigma/(\mu^2 - \lambda^2)$ は，実はこの意味での r 行列になっていた．

古典的 Yang–Baxter 方程式の解を求めることは量子型の場合に比べると容易であり，$\mathfrak{g}$ が複素単純 Lie 環[3]の場合には Belavin–Drinfeld [BD82, BD84] によって解の分類がなされている．この分類は大きく分けて，以下に述べるような二つの部分からなっている．

第一の部分は，スペクトルパラメーター付きの場合に，$r(u)$ が u に関して有理型関数であり，さらにある種の非退化条件の仮定のもとで $r(u)$ の極の集合 Γ は複素平面 $\mathbb{C}$ の離散部分群をなすということである．このことから，Γ の階数が 0, 1, 2 のいずれかということによって有理型，三角型，楕円型（$\mathfrak{g} = \mathfrak{sl}_n$ の場合に限る）の 3 種類への r 行列の分類が得られる．

スペクトルパラメーターが現れない Yang–Baxter 方程式は以下のようにしてパ

---

[3] 単純 Lie 環については A.4.1 項を参照のこと．

ラメーター付きの場合と対応している．半単純な複素 Lie 環 $\mathfrak{g}$ のテンソル積 $\mathfrak{g} \otimes \mathfrak{g}$ に属する対称テンソル t で $\mathfrak{g}$ 不変なものを考える．このとき，$r \in \mathfrak{g} \otimes \mathfrak{g}$ が古典的 Yang–Baxter 方程式および $r + r_{21} = t$ という方程式を満たすということと，

$$X(u) = \frac{t}{e^u - 1} + r$$

がパラメーター付きの古典的 Yang–Baxter 方程式の三角型の解になるということは同じになる．ここで，r_{21} は r の反転 $\sum_i b_i \otimes a_i$ (ただし $r = \sum_i a_i \otimes b_i$) を表している．また，$\tilde{r} = r - \frac{1}{2}t$ と変数変換することにより，t が定める不変 2 次形式の正規直交基底を $(x_i)_i$ を用いて修正された古典的 Yang–Baxter 方程式[4]

$$[\tilde{r}_{12}, \tilde{r}_{13}] + [\tilde{r}_{12}, \tilde{r}_{23}] + [\tilde{r}_{13}, \tilde{r}_{23}] = -\frac{1}{4} \sum_{i,j} x_i \otimes x_j \otimes [x_i, x_j]$$

と，ユニタリ条件 $\tilde{r} + \tilde{r}_{21} = 0$ に方程式を変換することもできる．

Belavin–Drinfeld による分類の第二の部分は，$\mathfrak{g}$ が複素単純 Lie 環の場合の，三角型やスペクトルパラメーター u が現れない場合についてのものである．このとき対称テンソル t は，定数倍の違いを除けば Killing 形式に関する正規直交基底 $(x_i)_i$ を用いて $t = \sum_i x_i \otimes x_i$ によって与えられることに注意しよう．Cartan 部分環 $\mathfrak{h} \subset \mathfrak{g}$ と正のルート $\Phi_+ = \{\alpha_i\}_i$ を選んだとき，上で述べたような $r + r_{21} = t$ を満たす r 行列（準三角型の r 行列）は，以下のような組合せ論的情報により与えられるものと，$\mathfrak{g}$ の自己同型による曖昧さを除き一致する．

1. 単純ルート集合 Π の部分集合 $\Pi_1, \Pi_2 \subset \Pi$
2. 内積を保つ全単射 $\tau: \Pi_1 \to \Pi_2$ で，どんな $\alpha \in \Pi_1$ についても $\tau^k(\alpha) \notin \Pi_1$ となる k があるもの

これらに対応する解は

$$r = r_0 + \sum_{\alpha \in \Phi_+} e_{-\alpha} \otimes e_\alpha + \sum_{\substack{\alpha \in \Pi_1, \beta \in \Pi_2 \\ \exists k: \beta = \tau^k(\alpha)}} e_\beta \otimes e_{-\alpha} - e_{-\alpha} \otimes e_\beta$$

という形をしている．ただし，$e_{\pm\alpha}$ は $\pm\alpha$ に対応する $\mathfrak{g}$ の固有空間から $(e_\alpha, e_{-\alpha}) = 1$ を満たすようにとったものであり，r_0 は $r_0 + (r_0)_{21} = p_\mathfrak{h} \otimes p_\mathfrak{h}(t)$ ($p_\mathfrak{h}$ は射影

---

[4] $\mathfrak{g}$ が単純ならば，この方程式の右辺は定数倍を除いて一意な $\mathfrak{g}^{\otimes 3}$ 内の $\mathfrak{g}$ 不変ベクトルを表している．

$\mathfrak{g} \to \mathfrak{h}$) と (Π_1, τ) に関する追加の条件を満たすような $\mathfrak{h} \otimes \mathfrak{h}$ の元である．また，スペクトルパラメーター付きの三角型の場合にも基本的に同じ形の分類が成り立っている．

この対応のポイントは，$r = (f \otimes \iota)(t)$ によって特徴付けられる $\mathfrak{g}$ 上の線形変換 f を考えたとき，f の（一般化）固有空間分解を考えることにより，$\mathfrak{g}$ の Borel 部分環や Π_1, Π_2 が張る部分空間の記述が得られるということであった．

例 2.1 ($\mathfrak{sl}_2$ の標準 r 行列) $\mathfrak{g} = \mathfrak{sl}_2$ の場合には，r 行列は

$$r = \frac{1}{4} H \otimes H + F \otimes E$$

によって与えられている．この場合には

$$t = \frac{1}{2} H \otimes H + F \otimes E + E \otimes F$$

となっているので，

$$\tilde{r} = \frac{1}{2}(F \otimes E - E \otimes F)$$

が修正された Yang–Baxter 方程式の解になる．また，この解は SU(2) の Lie 環 $\mathfrak{su}_2$ の元

$$x_2 = \begin{pmatrix} 0 & \frac{\sqrt{-1}}{2} \\ \frac{\sqrt{-1}}{2} & 0 \end{pmatrix} = \frac{\sqrt{-1}}{2}(E+F), \quad x_3 = \begin{pmatrix} 0 & -\frac{1}{2} \\ \frac{1}{2} & 0 \end{pmatrix} = \frac{1}{2}(F-E)$$

を用いて

$$\tilde{r} = \sqrt{-1}\,(x_2 \otimes x_3 - x_3 \otimes x_2)$$

とも書けるので，$\sqrt{-1}\,\tilde{r}$ が $\mathfrak{su}_2 \otimes_{\mathbb{R}} \mathfrak{su}_2$ に属することに注意しておこう．

2.3 Drinfeld double と普遍 R 行列

Drinfeld [Dri87] は，Hopf 環の双接合積 (bicrossed product) と呼ばれる構成に基づき，量子 Yang–Baxter 方程式の解を構成する非常に一般的な方法を与えた．この構成は群の matched pair の概念や Lie 環の Manin triple (4.1 節参照) の，Hopf 環の枠組みにおける類似であり，1.5 節で述べたような Hopf 環の双対

性，つまり，Hopf 環 (H, Δ, S) の線形双対空間 $\hat{H}$ が H の構造写像の転置をとる[5]ことによって再び Hopf 環の構造を持つということが出発点になっている．

H の積を逆転させたもの（逆代数，opposite algebra）を H^{op} と書くことにする．これはベクトル空間としては H と同じだが，$a \in H$ に対応する元を a^{op} と改めて書いたとき，

$$a^{\mathrm{op}} b^{\mathrm{op}} = (ba)^{\mathrm{op}}$$

となる代数系を考えるということである．さらに，H の antipode が可逆写像であるという設定を考えよう．このとき，H^{op} は H の余積と antipode S^{-1} について Hopf 環になっている．

ここで H と，H^{op} の双対 Hopf 環（$\hat{H}$ の余積を逆転させたものでもある）

$$\hat{H}^{\mathrm{cop}} = (\hat{H}, \hat{m}, \hat{\Delta}^{\mathrm{op}}, \hat{\epsilon}, \hat{S}^{-1})$$

によって生成される代数系で，H の元と $\hat{H}$ の元の間の積について

$$(\omega_{[2]}, x_{[1]})\omega_{[1]} x_{[2]} = (\omega_{[1]}, x_{[2]}) x_{[1]} \omega_{[2]} \quad (x \in H, \ \omega \in \hat{H})$$

という交換関係が成り立つようなもの $D(H)$ を考えよう．ただし，$x_{[1]}$, $\omega_{[1]}$ などは Sweedler の記法と呼ばれるもので，

$$x_{[1]} \otimes x_{[2]} = \Delta(x), \quad \omega_{[1]} \otimes \omega_{[2]} = \hat{\Delta}(\omega) \quad (\omega_{[2]} \otimes \omega_{[1]} = \Delta_{\hat{H}^{\mathrm{cop}}}(\omega))$$

と形式的に置いたものである．もちろん，$\Delta(x)$ などが $a \otimes b$ のような単純テンソルの形にかけるとは限らないので，$\Delta(x) = \sum_i a_i \otimes b_i$, $\hat{\Delta}(\omega) = \sum_j \alpha_j \otimes \beta_j$ のように展開した場合

$$(\omega_{[2]}, x_{[1]})\omega_{[1]} x_{[2]} = \sum_{i,j} (\beta_j, a_i) \beta_j b_i$$

と解釈するべきものである．また，上記の関係は，対称的ではないがより具体的に扱いやすい形に変換すれば

$$\omega x = x_{[2]} \omega(x_{[1]} \cdot S^{-1}(x_{[3]})) \quad (\omega(a \cdot b) \colon y \mapsto \omega(ayb))$$

と表すこともできる．つまり，$H \otimes \hat{H}$ の元 $x \otimes \omega$ を便宜的に $x\omega$ と表すことにすると，それらの積 $(x\omega)(y\theta)$ に対する意味付けが，ω と y に関して上の規則を適

---

[5] H が無限次元の場合には，$\hat{\Delta}$ は適切な完備化をした空間に値をとるものと解釈する．

用し，H や $\hat{H}$ の積構造と合わせて全体を $\sum_i z_i \xi_i$ ($z_i \in H$, $\xi_i \in \hat{H}$) という形に変換することによって得られ，$H \otimes \hat{H}$ が代数系の構造を持つことがわかる．さらに，$D(H)$ は H と $\hat{H}^{\mathrm{cop}}$ の余積を合わせた

$$\Delta_{D(H)}(x\phi) = (x_{[1]}\phi_{[2]}) \otimes (x_{[2]}\phi_{[1]})$$

という形の余積を持ち，双接合積代数の構造と合わせて Hopf 環の構造を持っている．この構成は H と $\hat{H}^{\mathrm{cop}}$ に関して対称的になっており，H と $\hat{H}^{\mathrm{cop}}$ の双接合積 $H \bowtie \hat{H}^{\mathrm{cop}}$，または H の Drinfeld double と呼ばれる．

H の基底 $(x_i)_{i \in I}$ をとり，その双対基底 $(x^i)_{i \in I}$ を考えたとき，x^i は $\hat{H}$ の元なので

$$R = \sum_{i \in I} (x_i 1_{\hat{H}^{\mathrm{cop}}}) \otimes (1_H x^i)$$

という式によって定まる $D(H) \otimes D(H)$ の元 R を考える[6]ことができる．$D(H)$ の双接合積としての代数的構造から，この元は可逆で，さらに

$$(\Delta_{D(H)} \otimes \iota)(R) = R_{13}R_{23}, \quad (\iota \otimes \Delta_{D(H)})(R) = R_{13}R_{12}$$

$$R\Delta_{D(H)}(x\phi)R^{-1} = \Delta_{D(H)}(x\phi)_{21}$$

という条件も満たしていることがわかる．さらにこれらの条件から

$$R_{12}R_{13}R_{23} = R_{23}R_{13}R_{12}$$

が従い，この R は量子 Yang–Baxter 方程式の解になっていることがわかる．この R を H に関する普遍 R 行列と呼ぶ．

2.4 組みひも群との関係

2.1 節では，量子 Yang–Baxter 方程式と密接に関連する方程式として散乱行列に関する方程式

$$S_{12}S_{23}S_{12} = S_{23}S_{12}S_{23}$$

が現れた．この方程式は，以下のような Artin の組みひも群（braid 群）の生成元の間の関係式と同じ形をしている．k が自然数のとき，k 次の組みひも群 B_k と

---

[6] H が無限次元ならばこの式も無限和の形になってしまうので，しかるべく正当化する必要がある．

は, $k-1$ 個の元 $g_1, \ldots, g_{k-1}$ で

$$g_i g_{i+1} g_i = g_{i+1} g_i g_{i+1}, \quad g_i g_j = g_j g_i \ (|i-j| > 1)$$

という関係のみを満たすものによって生成される群である. この関係は, 図 2.3 のように, k 本並んだひものうちで隣り合った 2 本が交差しているものによって g_i を表すことで図式的に捉えることができる. このような図で g_i を表したとき, それらの積は図を縦につなげることによって表される. こうして得られた図式のうちで「連続変形」によって移り合うものは組みひも群の元として同じものを表している. 例えば, $g_i g_{i+1} g_i = g_{i+1} g_i g_{i+1}$ という関係式は図 2.1 のような変形に, $g_i g_j = g_j g_i \ (|i-j| > 1)$ という関係はこれらの交差が隣り合っていなければ互いに干渉しないということに対応している. 図 2.3 を上下に反転させたものによって g_i^{-1} を表すことにすると, これらの基本的な図を縦につなげたものですべての braid[7] を表現できることがわかるだろう.

(a) g_1 (b) g_2

図 2.3 組みひも群の生成元の図式的表示

代数系 A に関して $R \in A \otimes A$ が量子 Yang–Baxter 方程式を満たすとしよう. σ を $\mathbb{C}^n \otimes \mathbb{C}^n$ 上の反転 $\xi \otimes \eta \mapsto \eta \otimes \xi$ を表す行列とするとき, $\pi \colon A \to M_n(\mathbb{C})$ が A の n 次元表現ならば, $S = \sigma(\pi \otimes \pi)(R)$ が上の S に関する方程式を満たすのだった. したがって, $\mathbb{C}^n$ を k 回テンソル積した空間 $(\mathbb{C}^n)^{\otimes k} = \mathbb{C}^n \otimes \cdots \otimes \mathbb{C}^n$ 上の変換 $T_i = S_{i, i+1}$ を考えると, $T_1, \ldots, T_{k-1}$ は組みひも群の生成元の間の関係式を満たしている. つまり, R と π をもとにして B_k の $(\mathbb{C}^n)^{\otimes k}$ 上の線形表現が得られる.

組みひも群は結び目や絡み目との間に密接な関連があるが, 結び目の不変量を得るという立場からは, Hopf 環における R 行列を考えることが非常に重要である. Hopf 環 H の R 行列とは, $H \otimes H$ に属する可逆元 R で,

---

[7] 平面上の n 個の点が互いに交わらずに動き, 全体として元の場所に戻る (個々の点の場所には置換が起きてもよい) 様子を表したもの.

1. $R\Delta(x)R^{-1} = \Delta(x)_{21}$ (x は H の元)
2. $(\Delta \otimes \iota)(R) = R_{13}R_{23}$, $(\iota \otimes \Delta)(R) = R_{13}R_{12}$

を共に満たすようなものである．これらの条件から，R が量子 Yang–Baxter 方程式を満たすことも従う．このような (H, R) をまとめて準三角 Hopf 環と呼ぶが，特に前節で紹介した Hopf 環の Drinfeld double と普遍 R 行列は準三角 Hopf 環の例を与えている．

準三角 Hopf 環 (H, R) と H 加群 X, Y に対し，$c_{X,Y} = \sigma(\pi_X \otimes \pi_Y)(R)$ という $X \otimes Y$ から $Y \otimes X$ への線形写像を考えることができる．ただしここで，π_X や π_Y は H の元を X や Y 上の線形変換として表す環準同型であり，σ は $X \otimes Y$ から $Y \otimes X$ への $\xi \otimes \eta \mapsto \eta \otimes \xi$ によって特徴付けられる線形変換である．R に関する条件から，

1. $c_{X,Y}$ は $X \otimes Y$ から $Y \otimes X$ への H 加群[8]の準同型写像である
2. $c_{X, Y \otimes Z} = (\iota_Y \otimes c_{X,Z})(c_{X,Y} \otimes \iota_Z)$,
   $c_{X \otimes Y, Z} = (c_{X,Z} \otimes \iota_Y)(\iota_X \otimes c_{Y,Z})$

が成り立つことがわかる．これは H 加群のなすテンソル圏が braiding を持つ（8.1 節参照）ということを意味しており，特に $X, X \otimes X, \ldots$ の自己準同型環 $\mathrm{End}_H(X^{\otimes n})$ において組みひも群 B_n の表現が得られることが従う．また，H 加群の共役の構造をもとに，テンソル積の構造と整合的な形で H 加群の自己準同型に対してトレースが定義でき，結び目の不変量が得られる．

2.5 ノート

1980 年代の量子逆散乱法の理論の解説は [Skl80, FT07] にまとめられている．その後の理論の発展については [Fad95] を参照のこと．また，初期の重要な論文は [Jim89] に再録されている．

古典的 Yang–Baxter 方程式については [Sem83] などを参照のこと．この方程式の解の分類は [Bel81, BD82, BD84] による．

量子 Yang–Baxter 方程式の解については様々な具体例が知られているが，第 4 章で説明する q 変形量子群との関係からは（古典型の G に関する）R 行列をもと

---

[8])ただし，$X \otimes Y$ は $a \in H$ の $\xi \otimes \eta$ に対する作用を $\Delta(a)\xi \otimes \eta$ と定めることで H 加群と見なす．

にして G_q を構成している [RTF89] が重要である．この方法論ではパラメーター q は σR の固有値を表している（具体的な形については第 3 章も参照のこと）．また，Gurevich [Gur90] の方法論も多くの研究に様々な影響を与えている．

量子群に関わる数理物理モデルについては [SS93] でも詳しく解説されている．結び目の不変量との関係については [Kas95, 村上 00] などを参照せよ．

参考文献

[Bax72]　R. J. Baxter. "Partition function of the eight-vertex lattice model". *Ann. Physics* **70** (1972), pp. 193–228.

[Bax82]　R. J. Baxter. *Exactly solved models in statistical mechanics.* Harcourt Brace Jovanovich, Publishers. Academic Press, Inc., London, 1982.

[BD82]　A. A. Belavin, V. G. Drinfel′d. "Solutions of the classical Yang-Baxter equation for simple Lie algebras". *Funktsional. Anal. i Prilozhen.* **16** (3) (1982), pp. 1–29, 96.

[BD84]　A. A. Belavin, V. G. Drinfel′d. "Triangle equations and simple Lie algebras". In: *Mathematical physics reviews, Vol. 4.* Harwood Academic Publ., Chur, 1984, pp. 93–165.

[Bel81]　A. A. Belavin. "Dynamical symmetry of integrable quantum systems". *Nuclear Phys.* B **180** (2, FS 2) (1981), pp. 189–200.

[Dri87]　V. G. Drinfel′d. "Quantum groups". In: *Proceedings of the International Congress of Mathematicians, Vol. 1, 2 (Berkeley, Calif., 1986).* Providence, RI: Amer. Math. Soc., 1987, pp. 798–820.

[Fad95]　L. Faddeev. "Instructive history of the quantum inverse scattering method". *Acta Appl. Math.* **39** (1-3) (1995), pp. 69–84.

[FT07]　L. D. Faddeev, L. A. Takhtajan. *Hamiltonian methods in the theory of solitons.* Classics in Mathematics. Springer, Berlin, 2007.

[Gar+67]　C. S. Gardner et al.. "Method for Solving the Korteweg-deVries Equation". *Phys. Rev. Lett.* **19** (19) (1967), pp. 1095–1097.

[Gur90]　D. I. Gurevich. "Algebraic aspects of the quantum Yang-Baxter equation". *Algebra i Analiz* **2** (4) (1990), pp. 119–148.

[Jim89]　M. Jimbo. "Introduction to the Yang-Baxter equation". *Internat. J.*

Modern Phys. A **4** (15) (1989), pp. 3759–3777.

[Kas95] C. Kassel. *Quantum groups*. Graduate Texts in Mathematics 155. New York: Springer-Verlag, 1995.

[RTF89] N. Yu. Reshetikhin, L. A. Takhtadzhyan, L. D. Faddeev. "Quantization of Lie groups and Lie algebras". *Algebra i Analiz* **1** (1) (1989), pp. 178–206.

[Sem83] M. A. Semenov-Tyan-Shanskiĭ. "What is a classical r-matrix?". *Funktsional. Anal. i Prilozhen.* **17** (4) (1983), pp. 17–33.

[Skl80] E. K. Sklyanin. "Quantum variant of the method of the inverse scattering problem". *Zap. Nauchn. Sem. Leningrad. Otdel. Mat. Inst. Steklov. (LOMI)* **95** (1980), pp. 55–128, 161.

[SS93] S. Shnider, S. Sternberg. *Quantum groups*. Graduate Texts in Mathematical Physics, II. International Press, Cambridge, MA, 1993.

[STF79] E. K. Skljanin, L. A. Tahtadžjan, L. D. Faddeev. "Quantum inverse problem method. I". *Teoret. Mat. Fiz.* **40** (2) (1979), pp. 194–220.

[TF79] L. A. Tahtadžjan, L. D. Faddeev. "The quantum method for the inverse problem and the XYZ Heisenberg model". *Uspekhi Mat. Nauk* **34** (5(209)) (1979), pp. 13–63, 256.

[Yan67] C. N. Yang. "Some exact results for the many-body problem in one dimension with repulsive delta-function interaction". *Phys. Rev. Lett.* **19** (1967), pp. 1312–1315.

[村上 00] 村上順. 『結び目と量子群』. すうがくの風景 3. 朝倉書店. 2000.

第3章
$\mathrm{SL}_q(2), \mathrm{SU}_q(2)$

本章では量子群の最も基本的な例である，$\mathrm{SL}_q(2)$ や $\mathrm{SU}_q(2)$ と呼ばれる一連の対象を表す様々な代数系を紹介することにしよう．これらは第 1 章で紹介した種々の代数系を「連続変形」したものによって与えられている．それぞれの場合について，まず対応する古典的な対象を，次にその変形によって与えられる量子群を紹介する．

3.1 量子普遍包絡環 $\mathcal{U}_q(\mathfrak{sl}_2)$

まず始めに，Lie 環 $\mathfrak{sl}_2$ の変形，より正確には $\mathfrak{sl}_2$ の普遍包絡環 $\mathcal{U}(\mathfrak{sl}_2)$ の変形である量子普遍包絡環 $\mathcal{U}_q(\mathfrak{sl}_2)$ から紹介する．

第 1 章で紹介した Lie 環 $\mathfrak{sl}_2$ の普遍包絡環 $\mathcal{U}(\mathfrak{sl}_2)$ は関係 (1.2) を満たす三つの元 E, F, H によって生成されていた．$\mathcal{U}_q(\mathfrak{sl}_2)$ はやはり E, F, K という三つの元によって生成される代数系であり，これらの元の間に K が可逆であること，および

$$[E,F] = \frac{K - K^{-1}}{q - q^{-1}}, \quad KEK^{-1} = q^2 E, \quad KFK^{-1} = q^{-2} F$$

という関係が成り立っていることを要求したものである．ここでの q は具体的な数ということにするときもあるし，形式的な変数として取り扱うこともある．E, F はそれぞれ $\mathcal{U}(\mathfrak{sl}_2)$ における E, F と似たような役割を果たしており，K は q^H と解釈するべきものである．E と F の交換子として現れた $(K - K^{-1})/(q - q^{-1})$ は q 整数

$$[n]_q = q^{n-1} + q^{n-3} + \cdots + q^{1-n} = \frac{q^n - q^{-n}}{q - q^{-1}}$$

の右辺における n を H で置き換えたものになっている．$q \to 1$ の極限で $[n]_q \to$

n となることから，$(K - K^{-1})/(q - q^{-1})$ は $\log_q K = H$ に収束する，というように考えることができる．$q = e^h$ という変数変換を行ったとき，この計算は $h = 0$ での微分係数を計算していることになるが，K と E との間の関係式の両辺については $q^H E q^{-H}$ の $h = 0$ における微分係数は $[H, E]$ となり，一方で $q^2 E$ の微分係数は $2E$ となって，やはり $\mathfrak{sl}_2$ の構造に近づいていくことがわかる．

$\mathcal{U}(\mathfrak{sl}_2)$ は Hopf 環の構造を持っていたが，同様に $\mathcal{U}_q(\mathfrak{sl}_2)$ も以下のような Hopf 環の構造を持っている．まず，余積 $\hat{\Delta}_q$ は，生成元たちに対しては

$$\hat{\Delta}_q(K) = K \otimes K, \quad \hat{\Delta}_q(E) = E \otimes 1 + K \otimes E, \quad \hat{\Delta}_q(F) = F \otimes K^{-1} + 1 \otimes F$$

によって定まり，一般の元への作用はこれらをもとに準同型の条件によって計算される．このとき，antipode $\hat{S}_q$ は

$$\hat{S}_q(E) = -K^{-1}E, \quad \hat{S}_q(F) = -FK, \quad \hat{S}_q(K) = K^{-1}$$

によって，counit $\hat{\epsilon}_q$ は

$$\hat{\epsilon}_q(E) = 0 = \hat{\epsilon}_q(F), \quad \hat{\epsilon}_q(K) = 1$$

によって特徴付けられることがわかる．このようにして，$\mathcal{U}_q(\mathfrak{sl}_2)$ は $\mathcal{U}(\mathfrak{sl}_2)$ を変形して得られる Hopf 環だと解釈することができる．$\mathcal{U}_q(\mathfrak{sl}_2)$ は $\mathcal{U}(\mathfrak{sl}_2)$ と様々な共通点・類似の性質を持つが，一方で逆元をとるという操作を 2 回繰り返すことに対応する antipode の 2 乗 $\hat{S}_q^2$ は恒等写像ではなく，$\hat{S}_q^2(T) = K^{-1}TK$ という K^{-1} による共役写像になっていることを注意しておこう．

$\mathfrak{sl}_2$ の定義表現の類似として，$\mathcal{U}_q(\mathfrak{sl}_2)$ は 2 次元のベクトル空間上に表現することができる．具体的に生成元を表す行列[1]を書けば

$$\pi_{\frac{1}{2}}(E) = \begin{pmatrix} 0 & 1 \\ 0 & 0 \end{pmatrix}, \quad \pi_{\frac{1}{2}}(F) = \begin{pmatrix} 0 & 0 \\ 1 & 0 \end{pmatrix}, \quad \pi_{\frac{1}{2}}(K) = \begin{pmatrix} q & 0 \\ 0 & q^{-1} \end{pmatrix}$$

となり，確かに $\mathfrak{sl}_2$ の生成元たちと同じように作用していることがわかる．より一般の有限次元表現については 3.4 節を参照のこと．それらの表現について E や F を表す行列やテンソル積の分解を表す行列の成分は q を含む非自明な式になっている．

---

[1] 第 7 章で解説するような $\mathcal{U}_q(\mathfrak{sl}_2)$ のユニタリ表現を考えるという立場からは，これらの行列に成分 $q^{\frac{1}{2}}, q^{-\frac{1}{2}}$ の対角行列を共役作用させたものを考えた方がよい．

また，
$$R_n(q) = \frac{q^{\frac{n(n-1)}{2}}(q-q^{-1})^n}{[n]_q[n-1]_q\cdots[1]_q}$$
という関数と $q = e^h$ を満たすパラメーター h について，
$$R_h = \sum_{n=0}^{\infty} R_n(q) e^{\frac{h}{2}(H \otimes H)}(F^n e^{\frac{h}{2}nH} \otimes e^{-\frac{h}{2}nH} E^n)$$
という式を考えると，これは $\mathcal{U}_q(\mathfrak{sl}_2) \otimes \mathcal{U}_q(\mathfrak{sl}_2)$ の適切な完備化において意味を持ち，$\mathcal{U}_q(\mathfrak{sl}_2)$ の余積の定義から，

- $(\iota \otimes \hat{\Delta}_q)(R_h) = (R_h)_{12}(R_h)_{13}$,
- $(\hat{\Delta}_q \otimes \iota)(R_h) = (R_h)_{13}(R_h)_{23}$,
- $T \in \mathcal{U}_q(\mathfrak{sl}_2)$ について $R_h \hat{\Delta}_q(T) R_h^{-1}$ は $\hat{\Delta}_q(T)$ の左右のテンソル成分を入れ替えたものになっている

ということが導かれる．つまり，この R_h は第 2 章の意味での $\mathcal{U}_q(\mathfrak{sl}_2)$ における R 行列である．$h \to 0$ において
$$\frac{1}{h}(R_h - 1) \to \frac{1}{2} H \otimes H + 2F \otimes E$$
となることから，2.2 節で現れた $\mathfrak{sl}_2$ の r 行列（の 2 倍）が復元できることもわかる．また，$\pi_{\frac{1}{2}}$ に関する E, F, K の行列表示をもとに，4 次元のベクトル空間への表現 $\pi_{\frac{1}{2}} \otimes \pi_{\frac{1}{2}}$ で R_h を 4 次行列として表すと

$$e^{\frac{h}{2}} \begin{pmatrix} q & 0 & 0 & 0 \\ 0 & 1 & 0 & 0 \\ 0 & q-q^{-1} & 1 & 0 \\ 0 & 0 & 0 & q \end{pmatrix}$$

となり，これが量子 Yang–Baxter 方程式の解を与えている．

3.2　量子代数群 $\mathrm{SL}_q(2)$

次に，線形代数群としての $\mathrm{SL}(2)$ の座標環 $\mathcal{O}(\mathrm{SL}(2))$ の変形である $\mathcal{O}(\mathrm{SL}_q(2))$ を説明しよう．$\mathrm{SL}(2)$ は 2 次行列の空間のなかで

$$\mathrm{SL}(2) = \left\{ \begin{pmatrix} a & b \\ c & d \end{pmatrix} \middle| ad - bc = 1 \right\}$$

として特徴付けられる．つまり，座標環 $\mathcal{O}(\mathrm{SL}(2))$ は四つの元 a, b, c, d で $ad - bc = 1$ を満たすものの積や和からなる可換代数系として与えられ，行列の積

$$\begin{pmatrix} a & b \\ c & d \end{pmatrix} \begin{pmatrix} a' & b' \\ c' & d' \end{pmatrix} = \begin{pmatrix} aa' + bc' & ab' + bd' \\ ca' + dc' & cb' + dd' \end{pmatrix}$$

に対応する余積 Δ は

$$\Delta(a) = a \otimes a + b \otimes c, \quad \Delta(b) = a \otimes b + b \otimes d,$$
$$\Delta(c) = c \otimes a + d \otimes c, \quad \Delta(d) = c \otimes b + d \otimes d$$

によって，逆行列をとる写像

$$\begin{pmatrix} a & b \\ c & d \end{pmatrix}^{-1} = \begin{pmatrix} d & -c \\ -b & a \end{pmatrix}$$

に対応する antipode S は

$$S(a) = d, \quad S(b) = -c, \quad S(c) = -b, \quad S(d) = a$$

によって，乗法の単位元（恒等行列）での値をとることに対応する counit は

$$\epsilon(a) = 1 = \epsilon(d), \quad \epsilon(b) = 0 = \epsilon(c)$$

によって与えられることがわかる．

$\mathcal{O}(\mathrm{SL}_q(2))$ は，

$$ab = qba, \quad ac = qca, \quad bd = qdb, \quad cd = qdc, \quad bc = cb,$$
$$ad - qbc = 1, \quad da - q^{-1}bc = 1$$

という関係を満たすような四つの元 a, b, c, d によって生成される代数系である．もし $q = 1$ ならば最初の五つの方程式は，これらの元の積の順序を交換しても結果は変わらないということを表しているが，そうでなければ $\mathcal{O}(\mathrm{SL}_q(2))$ は可換性 $xy = yx$ を満たさない代数系である．また，$\mathcal{O}(\mathrm{SL}_q(2))$ は以下のような Hopf 環としての構造を持っている．余積や counit は，生成元 a, b, c, d への作用が $\mathcal{O}(\mathrm{SL}(2))$ におけるものと同じ公式によって与えられ，antipode S_q は

$$S_q(a) = d, \quad S_q(b) = -q^{-1}b, \quad S_q(c) = -qc, \quad S_q(d) = a$$

によって特徴付けられている．

また，$\mathcal{U}_q(\mathfrak{sl}_2)$ の $\mathcal{O}(\mathrm{SL}_q(2))$ への作用

$$\mathcal{U}_q(\mathfrak{sl}_2) \times \mathcal{O}(\mathrm{SL}_q(2)) \to \mathcal{O}(\mathrm{SL}_q(2)), \quad (X, f) \mapsto X.f$$

で，

$$(X_{[1]}.f)(X_{[2]}.g) = X.(fg) \quad (f, g \in \mathcal{O}(\mathrm{SL}_q(2)), X \in \mathcal{U}_q(\mathfrak{sl}_2))$$

という意味で積を保っているものがある．それぞれの代数系の生成元同士について具体的に書けば

$$K.a = qa, \qquad K.b = qb, \qquad K.c = q^{-1}c, \qquad K.d = q^{-1}d,$$
$$E.a = 0, \qquad E.b = 0, \qquad E.c = a, \qquad E.d = b,$$
$$F.a = c, \qquad F.b = d, \qquad F.c = 0, \qquad F.d = 0$$

であり，これは $\pi_{\frac{1}{2}}$ によって与えられる行列を a, b, c, d がなす行列に左からかけるという操作に対応している．さらに，$\langle X, f \rangle = \epsilon(X.f)$ と置くことによって $\mathcal{U}_q(\mathfrak{sl}_2)$ と $\mathcal{O}(\mathrm{SL}_q(2))$ の間の pairing が定義でき，この二つの Hopf 環は互いの双対と見なせることがわかる．

3.3　コンパクト量子群 $\mathrm{SU}_q(2)$

$\mathrm{SL}(2, \mathbb{C})$ の極大コンパクト部分群は 2 次の特殊ユニタリ群 $\mathrm{SU}(2)$ だが，前節で紹介した $\mathrm{SL}_q(2)$ 量子群の「極大コンパクト部分量子群」に相当するものが $\mathrm{SU}_q(2)$ 量子群である．これは 0 でない実数を表すパラメーター q に関して意味を持ち，Hilbert 空間上の作用素がなすような代数系[2]によって表される対象である．

$\mathrm{SU}(2)$ の元は

$$\begin{pmatrix} \alpha & -\bar{\gamma} \\ \gamma & \bar{\alpha} \end{pmatrix} \quad (\alpha, \gamma \in \mathbb{C}, \ |\alpha|^2 + |\gamma|^2 = 1)$$

という形に表すことができるので，Stone–Weierstrass の定理から，$\mathrm{SU}(2)$ 上の複素連続関数の体系 $C(\mathrm{SU}(2))$ は，この表示に関する α や γ を連続関数と見な

---

[2] 作用素環については A.5 節を参照のこと．

したものに，和・積・複素共役と一様収束に関する近似の操作を組み合わせることによって得られることがわかる．

このような「複素共役」や「一様収束」に相当する操作を許す非可換な代数系の枠組みは，Hilbert 空間上の有界線形作用素がなす C^* 環と呼ばれる設定であり，積は作用素の合成によって，複素共役は $(T\xi, \eta) = (\xi, T^*\eta)$ によって特徴付けられる作用素の共役 T^* によって，一様収束の概念は作用素ノルム $\|T\| = \sup_{\xi: \|\xi\|=1} \|T\xi\|$ に関する近似によって置き換えることができる．

このような設定のもとで，「$\mathrm{SU}_q(2)$ 上の連続関数の体系」$C(\mathrm{SU}_q(2))$ は，Hilbert 空間 H 上の二つの作用素 α, γ で

$$U = \begin{pmatrix} \alpha & -q\gamma^* \\ \gamma & \alpha^* \end{pmatrix}$$

という $H \oplus H$ 上の作用素がユニタリになるもののうちで普遍的なものとして定義される．ユニタリ性の条件 $UU^* = I_2 = U^*U$ から

$$\alpha^*\alpha + \gamma^*\gamma = 1, \quad \alpha\alpha^* + q^2\gamma^*\gamma = 1, \quad \gamma^*\gamma = \gamma\gamma^*$$

$$\alpha\gamma = q\gamma\alpha, \quad \alpha\gamma^* = q\gamma^*\alpha$$

という関係が得られる．このような関係を満たす作用素の対 (α, γ) の選び方はいろいろあるが，$|q| < 1$ の場合[3]には $H = \ell^2(\mathbb{N}) \otimes \ell^2(\mathbb{Z}) = \ell^2(\mathbb{N} \times \mathbb{Z})$ 上の作用素

$$\rho_q(\alpha)(e_n \otimes e_k) = \sqrt{1-q^{2n}}\, e_{n-1} \otimes e_k,$$

$$\rho_q(\gamma)(e_n \otimes e_k) = q^n e_n \otimes e_{k-1}$$

によって表したものを考えれば十分であることが知られている．

$\mathcal{O}(\mathrm{SL}_q(2))$ の場合と同様に，

$$\Delta_q(\alpha) = \alpha \otimes \alpha - q\gamma^* \otimes \gamma, \quad \Delta_q(\gamma) = \gamma \otimes \alpha + \alpha^* \otimes \gamma$$

によって特徴付けられる $*$ 準同型写像が $C(\mathrm{SU}_q(2))$ の余積を与えている．

q が正の場合には積・余積に関する準同型写像 $\mathcal{O}(\mathrm{SL}_q(2)) \to C(\mathrm{SU}_q(2))$ が $a \mapsto \alpha$, $c \mapsto \gamma$ によって定められ，SU(2) は SL(2) の（極大コンパクト）部分群であるということに類似の関係が成り立つことがわかる．しかし，代数的な場合と大

---

[3] $q \to q^{-1}$ という変換をしたときには本質的に同じものが得られるので，$|q| < 1$ の場合だけ考えれば十分である．

きく異なるのは，antipode が $C(\mathrm{SU}_q(2))$ 上の連続変換としては定義できないということである（第 7 章で解説するように，このこと自体は別の定式化によって回避できる）．

コンパクト群の理論との間の重要な類似は，
$$\xi_h = \sqrt{1-q^2}\sum_{n=0}^{\infty} q^n e_n \otimes e_0$$
という単位ベクトルに関する状態汎関数 $h(T) = (T\xi_h, \xi_h)$ が，不変性の条件
$$(h \otimes \iota)\Delta_q(T) = h(T)1 = (\iota \otimes h)\Delta_q(T) \quad (T \in C(\mathrm{SU}_q(2)))$$
を満たすということである．

また，本質的有界可測関数の代数系 $L^\infty(\mathrm{SU}(2))$ の類似である $L^\infty(\mathrm{SU}_q(2))$ も，$C(\mathrm{SU}_q(2))$ をもとにして H 上の作用素の弱位相（内積に関する各点収束の位相）に関する近似で得られるような作用素すべてを集めた体系 $L^\infty(\mathrm{SU}_q(2))$ を考えることによって得られる．この作用素環は，環としては $B(\ell^2(\mathbb{N}))\bar{\otimes} L^\infty(\mathrm{U}(1))$ というとても簡単なものになっていることが知られている（もちろん，余積 Δ_q を $L^\infty(\mathrm{SU}_q(2))$ に拡張したものはまだ非自明な情報を持っている）．

3.4 テンソル圏 $\mathrm{Rep}\,\mathrm{SL}_q(2)$

最後に，SL(2) や SU(2) の「離散双対」の一側面である，有限次元表現の体系の変形 $\mathrm{Rep}\,\mathrm{SL}_q(2), \mathrm{Rep}\,\mathrm{SU}_q(2)$ について紹介することにしよう．これらは，SU(2) のユニタリ表現圏 $\mathrm{Rep}\,\mathrm{SU}(2)$ や，その純代数的な対応物である $\mathrm{Rep}\,\mathrm{SL}(2)$ をテンソル圏（第 8 章参照）の枠組みの中で変形して得られるものであり，統計力学における Temperley–Lieb 代数との関係から Temperley–Lieb 圏[4]と呼ばれることもある．

SU(2) の既約有限次元ユニタリ表現（または SL(2) の既約有限次元表現）は，非負の半整数
$$\frac{1}{2}\mathbb{N} = \left\{0, \frac{1}{2}, 1, \frac{3}{2}, \ldots\right\}$$
によって分類され，パラメーター $n \in \frac{1}{2}\mathbb{N}$（スピンと呼ばれる）に対応するもの

---

[4]圏については A.2 節を参照のこと．

は，2 変数 x, y に関する変数変換

$$\begin{pmatrix} a & b \\ c & d \end{pmatrix}.x = ax + by, \quad \begin{pmatrix} a & b \\ c & d \end{pmatrix}.y = cx + dy$$

から誘導される $2n$ 次斉次多項式の空間（$2n+1$ 次元のベクトル空間）上の表現として実現することができる．$n = \frac{1}{2}$ の場合に対応するのが SU(2) の定義表現と同型な半スピン表現 $\pi_{\frac{1}{2}}$ だが，対応する 2 次元 Hilbert 空間 $H_{\frac{1}{2}}$ の正規直交基底 e_+, e_- を考えたとき，

$$R\colon \mathbb{C} \to H_{\frac{1}{2}} \otimes H_{\frac{1}{2}}, \quad \alpha \mapsto \alpha(e_+ \otimes e_- - e_- \otimes e_+)$$

という線形写像は

$$(\pi_{\frac{1}{2}} \otimes \pi_{\frac{1}{2}})\hat{\Delta}(T)R = \hat{\epsilon}(T)R \quad (T \in U(\mathfrak{sl}_2))$$

という関係を満たし，自明表現 π_0 と $\pi_{\frac{1}{2}} \otimes \pi_{\frac{1}{2}}$ の間の intertwiner になっている．また，上の定義から R は

$$R^*R = 2, \quad (R^* \otimes \iota)(\iota \otimes R) = -\iota_{H_{\frac{1}{2}}}$$

という方程式を満たしていることもわかる．Rep SU(2) の重要な性質は，R から出発して，

- C* 圏における操作（すでに得られている intertwiner の合成・線形結合や共役 T^* を考える），
- テンソル圏における操作（すでに得られている表現や intertwiner S, T のテンソル積 $S \otimes T$ を考える），
- 射影子 $E = E^2 = E^*$ が定める部分表現を取り出す操作

を繰り返すことによって Rep SU(2) の情報がすべて復元できるということである．また，Rep SU(2) において R が満たす関係式は本質的に上の二つのものの組合せに帰着できるということも知られている．

q を 0 でない実数としよう．上の R の変形として

$$R^q(\alpha) = \alpha(-\operatorname{sgn}(q)|q|^{-\frac{1}{2}} e_+ \otimes e_- + |q|^{\frac{1}{2}} e_- \otimes e_+)$$

($\operatorname{sgn}(q)$ は q の符号) という線形写像を考えたとき，

$$(\pi_{\frac{1}{2}} \otimes \pi_{\frac{1}{2}})\hat{\Delta}_q(T)R^q = \hat{\epsilon}_q(T)R^q \quad (T \in U(\mathfrak{sl}_2))$$

が成り立つことから R^q は $\mathcal{U}_q(\mathfrak{sl}_2)$ の表現 π_0 と $\pi_{\frac{1}{2}} \otimes \pi_{\frac{1}{2}}$ の間の intertwiner である.また,具体的に計算してみればわかるように,R^q は

$$R^{q*}R^q = |[2]_q| = |q+q^{-1}|, \quad (R^{q*} \otimes \iota_{H_{\frac{1}{2}}})(\iota_{H_{\frac{1}{2}}} \otimes R^q) = -\mathrm{sgn}(q)\iota_{H_{\frac{1}{2}}}$$

という方程式を満たす.この R^q からスタートして,R から $\mathrm{Rep}\,\mathrm{SU}(2)$ を得たのと同じような操作を行って得られる体系(C* テンソル圏)が $\mathrm{Rep}\,\mathrm{SU}_q(2)$ である.$\mathrm{Rep}\,\mathrm{SU}_q(2)$ は $\mathrm{Rep}\,\mathrm{SU}(2)$ と同じように,非負半整数によって分類される既約な対象を持ち,テンソル積を既約なものの直和に分解するときの重複度を表す分岐則も $\mathrm{Rep}\,\mathrm{SU}(2)$ と同じになっている.

また,$k = 1, 2, \ldots, N-1$ に対して

$$a_k = \iota_{H_{\frac{1}{2}}^{\otimes k-1}} \otimes R^q R^{q*} \otimes \iota_{H_{\frac{1}{2}}^{\otimes N-k-1}}$$

を $H_{\frac{1}{2}}^{\otimes N}$ 上で考えたものは Temperley–Lieb 代数の生成元の関係式

$$a_i^2 = |[2]_q| a_i, \quad a_i a_{i\pm 1} a_i = a_i, \quad a_i a_j = a_j a_i \ (|i-j| > 1)$$

を満たす.このことから,$\mathrm{Rep}\,\mathrm{SU}_q(2)$ は $\delta = |[2]_q|$ と $\epsilon = \mathrm{sgn}(q)$ に関する Temperley–Lieb 圏 $\mathcal{TL}_{\delta,\epsilon}$ とも呼ばれる.また,

$$g_i = |q|\,(1 - \delta^{-1} a_i) - |q|^{-1}\,\delta^{-1} a_i = |q| - a_i$$

は Hecke 関係式

$$g_i^2 = (|q| - |q|^{-1})g_i + 1$$

や braid 生成元の関係式

$$g_i g_{i+1} g_i = g_{i+1} g_i g_{i+1}, \quad g_i g_j = g_j g_i \ (|i-j| > 1)$$

を満たしている[5]

q が実数でない(が,1 のべき根でもない)場合には intertwiner の共役をとるという操作の意味付けに困難があるため,R^{q*} にあたるもの $R^{q'}$ を

$$(R^{q'} \otimes \iota)(\iota \otimes R^q) = -\iota = (\iota \otimes R^{q'})(R^q \otimes \iota), \quad R^{q'} R^q = q + q^{-1}$$

を満たすようなものとして別に指定する必要がある.この場合にもやはり R^q, $R^{q'}$ をもとにテンソル圏における操作や射影子の像をとることを繰り返して得られる

---

[5] g_i は $\mathcal{U}_q(\mathfrak{sl}_2)$ の R 行列 R_h と置換の合成が表す intertwiner の $e^{-\frac{h}{2}}$ 倍である.

圏が考えられ，それを $\operatorname{Rep}\operatorname{SL}_q(2)$ と書く．上の方程式の形からもわかるように，q が実数のときは $\operatorname{Rep}\operatorname{SU}_q(2)$ の C^* 構造を忘れたものが $\operatorname{Rep}\operatorname{SL}_q(2)$ になっている．

q が 1 のべき根の場合には，$\operatorname{Rep}\operatorname{SL}_q(2)$ は有限個の種類の既約な対象しか持たないテンソル圏によって表されていると考えると都合がよいことが知られている（これらを実際にどのように実現するか，という問題については 8.2, 8.4 節を参照のこと）．q の位数を $\ell \geq 3$ としたとき，$\operatorname{Rep}\operatorname{SL}_q(2)$ は既約な対象 $X_{\frac{1}{2}}$ と，射

$$R^q : 1 \to X_{\frac{1}{2}} \otimes X_{\frac{1}{2}}, \quad R^{q\prime} : X_{\frac{1}{2}} \otimes X_{\frac{1}{2}} \to 1$$

で先ほどのような関係を満たすものと，Hecke 環の中の Jones–Wenzl べき等元の振る舞いによって特徴付けられる圏である [EO04]．また，$q \leftrightarrow q^{-1}$ という曖昧さを除けば $\operatorname{Rep}\operatorname{SL}_q(2)$ から q の値を復元することもできる．

ℓ が 6 以上の偶数で $q = e^{\frac{2\pi\sqrt{-1}}{\ell}}$ となっているときには，この圏は $R^{q\prime} = R^{q*}$ となるような C^* 圏の構造を持ち，$\operatorname{Rep}\operatorname{SU}_q(2)$ と書かれる．この圏の既約な対象は

$$1 = X_0, X_{\frac{1}{2}}, \ldots, X_{\frac{\ell}{4}-1}$$

と分類することができ，各 X_i に対して $X_{\frac{1}{2}} \otimes X_i$ の既約分解にどのような既約対象が現れるかという分岐則を表すグラフは $A_{\frac{\ell}{2}-1}$ 型のグラフになる．

A_n 型のグラフ： $\underset{v_1}{\circ}\!\!-\!\!\underset{v_2}{\circ}\!\!-\!\!\cdots\!\!-\!\!\underset{v_n}{\circ}$

ℓ が 3 以上の奇数のときには，$\operatorname{Rep}\operatorname{SL}_q(2)$ の既約な対象は

$$1 = X_0, X_{\frac{1}{2}}, \ldots, X_{\frac{\ell}{2}-1}$$

と分類できる．こちらの圏の分岐則を表すグラフは $A_{\ell-1}$ 型になり，テンソル圏としては $\operatorname{Rep}\operatorname{SL}_{-q}(2)$ の associator をとりかえたものに一致している．

最後に，q が実数の場合と同様に，これらのテンソル圏についても

$$g_k = q - \iota_{X_{\frac{1}{2}}^{\otimes k}} \otimes (R^{q\prime}R^q) \otimes \iota$$

が Hecke 関係式を満たす braiding を与えており，q が 1 のべき根ならば，これらはユニタリになっていることにも注意しておこう．

3.5 ノート

$\mathcal{U}_q(\mathfrak{sl}_2)$ は 1980 年代初めに Kulish–Reshetikhin [KR81], Sklyanin らの研究において見い出された. $\mathcal{O}(\mathrm{SL}_q(2))$ は $\mathcal{U}_q(\mathfrak{sl}_2)$ の普遍 R 行列に双対的な代数系として Faddeev–Takhtadzhyan [FT86] によって定式化された. 日本語による文献では [神保 12] が詳しい.

一方で, $C(\mathrm{SU}_q(2))$ はこれらとは独立に, Woronowicz [Wor87] によって C^* 環に基づく非可換空間の理論の一例として構成された. q が 1 のべき根の場合の $\operatorname{Rep}\mathrm{SU}_q(2)$ は Jones [Jon83] による部分因子環の理論のテンソル圏を通じた定式化 (Connes, Ocneanu) において初めて現れた. また, Jones は (braiding やテンソル圏上のトレースに対応する) Jones 射影 $e_i = [2]_q^{-1} a_i$ が導く Hecke 環上のトレースから得られた結び目の不変量を, q についての Laurent 多項式と見なすことで Jones 多項式を見出した.

Woronowicz の理論における $\mathrm{SU}_q(2)$ と $\mathrm{SU}_{-q}(2)$ の類似や, q が 1 の奇数次のべき根の場合の $\operatorname{Rep}\mathrm{SU}_q(2)$ と $\operatorname{Rep}\mathrm{SU}_{-q}(2)$ との対応は Kazhdan–Wenzl [KW93] が考察したようなテンソル圏のひねりによって説明される.

参考文献

[EO04]   P. Etingof, V. Ostrik. "Module categories over representations of $\mathrm{SL}_q(2)$ and graphs". *Math. Res. Lett.* **11** (1) (2004), pp. 103–114.

[FT86]   L. D. Faddeev, L. A. Takhtajan. "Liouville model on the lattice". In: *Field theory, quantum gravity and strings (Meudon/Paris, 1984/1985)*. Springer, Berlin, 1986, pp. 166–179.

[Jon83]   V. F. R. Jones. "Index for subfactors". *Invent. Math.* **72** (1) (1983), pp. 1–25.

[KR81]   P. P. Kuliš, N. J. Rešetihin. "Quantum linear problem for the sine-Gordon equation and higher representations". *Zap. Nauchn. Sem. Leningrad. Otdel. Mat. Inst. Steklov. (LOMI)* **101** (1981), pp. 101–110, 207.

[KW93]   D. Kazhdan, H. Wenzl. "Reconstructing monoidal categories". In: *I. M. Gel′fand Seminar*. Providence, RI: Amer. Math. Soc., 1993, pp. 111–136.

[Wor87]　S. L. Woronowicz. "Twisted SU(2) group. An example of a noncommutative differential calculus". *Publ. Res. Inst. Math. Sci.* **23** (1) (1987), pp. 117–181.

[神保12]　神保道夫. 『量子群とヤン・バクスター方程式』. 現代数学シリーズ. 丸善出版. 2012.

第 4 章

Lie 環や r 行列の量子化

第 2 章で現れた古典的 Yang–Baxter 方程式の解である r 行列に対応するのは，Lie bialgebra と呼ばれる代数的構造である．この対応をもとにして，与えられた Lie bialgebra の構造や対応する r 行列を古典的な極限として持つような Hopf 環や量子 Yang–Baxter の解の存在を問うのが，Drinfeld によって提起された一連の量子化問題である．これらは第 5 章で解説するような解析力学から量子力学への移行問題（Poisson 多様体の量子化問題）に対応する問いを，完全に代数的な設定で定式化したものにもなっている．

4.1 Lie bialgebra

Lie 環の枠組みにおける Hopf 環の概念の類似が Lie bialgebra である[1]．具体的には，Lie 環 $\mathfrak{g}$ について，さらに双対線形空間 $\mathfrak{g}^*$ が Lie 環の構造を持ち，$\mathfrak{g}^*$ の積写像の転置 (cobracket) $\delta: \mathfrak{g} \to \mathfrak{g} \otimes \mathfrak{g}$ について，整合性の条件

$$[\Delta(x), \delta(y)] - [\Delta(y), \delta(x)] = \delta([x, y])$$

が成り立っているとき，$\mathfrak{g}$ を Lie bialgebra と呼ぶ．ただし，$\omega = \sum_i a_i \otimes b_i$ という形の $\mathfrak{g} \otimes \mathfrak{g}$ の元について，

$$[\Delta(x), \omega] = \sum_i [x, a_i] \otimes b_i + a_i \otimes [x, b_i]$$

と定めている．Hopf 環の場合と同様に，この条件は自己双対的であり，$\mathfrak{g}$ が Lie bialgebra であるということと $\mathfrak{g}^*$ が Lie bialgebra であるということは同じになる．

---

[1] Cobracket が余積の類似だが，Lie 環 $\mathfrak{g}$ の普遍包絡環 $U(\mathfrak{g})$ はすでに Hopf 環の構造を持つので，$\mathfrak{g}$ が Lie bialgebra ならば $U(\mathfrak{g})$ は Hopf 環の構造に加えてさらに追加の構造 (co-Poisson 代数の構造) を持つことになる．

$\mathfrak{g}$ と $\mathfrak{g}^*$ の直和において，各直和因子ごとの Lie bracket に合わせて，$\mathfrak{g}$ の元 x と $\mathfrak{g}^*$ の元 ϕ の Lie bracket を $[x,\phi] = x \circ \mathrm{Ad}_\phi - \phi \circ \mathrm{Ad}_x$ と定めることで $\mathfrak{g} \oplus \mathfrak{g}^*$ が Lie 環の構造を持つことがわかる．ここで，例えば $x \circ \mathrm{Ad}_\phi$ という項は $\mathfrak{g}$ の元で，Lie bracket が定める自己準同型 Ad_ϕ と $\phi \mapsto (x,\phi)$ の合成によって与えられる $\mathfrak{g}^*$ 上の汎関数に対応するものを表している．こうして定まる $\mathfrak{g} \oplus \mathfrak{g}^*$ の構造は $\mathfrak{g}, \mathfrak{g}^*$ の Lie bracket および $[x,\phi]$ に関する上の式によって定められていると見なせるので，$\mathfrak{g} \bowtie \mathfrak{g}^*$ とも書く．また，この Lie bracket は自然な symplectic 構造を不変にしていることもわかる．このような $(\mathfrak{g} \oplus \mathfrak{g}^*, \mathfrak{g}, \mathfrak{g}^*)$ の関係を Manin triple [Dri87] と呼ぶ．

Lie bialgebra の bracket と cobracket の整合性の条件は，$\mathfrak{g} \otimes \mathfrak{g}$ を係数とする 1 コサイクル条件と見なすことができる．$\mathfrak{g}$ が半単純 Lie 環の場合，Whitehead の補題により 1 コサイクルはすべてコバウンダリになるため，$\mathfrak{g}$ 上の Lie bialgebra の構造は適切な $\tilde{r} \in \mathfrak{g} \otimes \mathfrak{g}$ を用いて $\delta(x) = [\tilde{r}, \Delta(x)]$ と表すことができる．このとき，対応する $\mathfrak{g}^*$ 上の演算に関する反対称性はユニタリ条件 $\tilde{r} + \tilde{r}_{21} = 0$ に，Jacobi 恒等式は $[\tilde{r}_{12}, \tilde{r}_{13}] + [\tilde{r}_{12}, \tilde{r}_{23}] + [\tilde{r}_{13}, \tilde{r}_{23}]$ の不変性に対応している．単純 Lie 環の場合にはさらに $\mathfrak{g}^{\otimes 3}$ の不変元の一意性があるため，Lie bialgebra の構造は（定数倍の違いを無視すれば）修正された古典的 Yang–Baxter 方程式の解 $\tilde{r}$ によって定まる cobracket 写像 $\delta_{\tilde{r}}(x) = [\Delta(x), \tilde{r}]$ により与えられていることがわかる．

$\mathfrak{g}$ が単純 Lie 環の場合，Belavin–Drinfeld によるリストのうちで，$\Pi_1 = \emptyset = \Pi_2$ の場合の解の最も基本的なもの（$\tilde{r} = r - \frac{1}{2}t$ に関する修正された古典的 Yang–Baxter 方程式の解の形で表したとき，

$$\tilde{r} = \sum_{\alpha \in \Phi_+} (e_{-\alpha} \otimes e_\alpha - e_\alpha \otimes e_{-\alpha})$$

となるもの）を標準的な r 行列と呼び，対応する $\mathfrak{g}$ の Lie bialgebra の構造を標準的な Lie bialgebra 構造と呼ぶ．また，$\sqrt{-1}\,\tilde{r}$ は $\mathfrak{g}$ のコンパクト実形 $\mathfrak{g}_\mathbb{R}$ の，実ベクトル空間としてのテンソル積 $\mathfrak{g}_\mathbb{R} \otimes_\mathbb{R} \mathfrak{g}_\mathbb{R}$ に属していることにも注意しておこう．

例 4.1 ($\mathfrak{sl}_2$ の **Lie bialgebra 構造**)　$\mathfrak{sl}_2$ の場合，2.2 節で挙げた r 行列に対応する cobracket を具体的に書けば

$$\delta(E) = \frac{1}{2}(H \otimes E - E \otimes H), \quad \delta(F) = \frac{1}{2}(H \otimes F - F \otimes H), \quad \delta(H) = 0$$

となる.Manin triple や 5.1 節で述べる Poisson–Lie 構造との関係からは,2 次特殊ユニタリ群 SU(2) の Lie 環 $\mathfrak{su}_2$ ($\mathfrak{sl}_2$ のコンパクト実形) について考えておくことも重要である.$\mathfrak{su}_2$ は

$$x_1 = \begin{pmatrix} \frac{\sqrt{-1}}{2} & 0 \\ 0 & -\frac{\sqrt{-1}}{2} \end{pmatrix}, \quad x_2 = \begin{pmatrix} 0 & \frac{\sqrt{-1}}{2} \\ \frac{\sqrt{-1}}{2} & 0 \end{pmatrix}, \quad x_3 = \begin{pmatrix} 0 & -\frac{1}{2} \\ \frac{1}{2} & 0 \end{pmatrix}$$

を基底とし,Lie bracket が $[x_i, x_{i+1}] = x_{i+2}$ (添字は mod 3 で考える) で与えられる実 3 次元の Lie 環であり,$\delta' = \sqrt{-1}\,\delta$ について

$$\delta'(x_1) = 0, \quad \delta'(x_2) = x_1 \otimes x_2 - x_2 \otimes x_1, \quad \delta'(x_3) = x_1 \otimes x_3 - x_3 \otimes x_1$$

を満たしている.このことから,双対 Lie 環 $\mathfrak{su}_2^*$ は

$$x_1^* = \frac{1}{2}H, \quad x_2^* = E, \quad x_3^* = \sqrt{-1}\,E$$

を基底とする実 3 次元の Lie 環だと見なすことができる.また,対応する Manin triple は $(\mathfrak{sl}_2, \mathfrak{su}_2, \mathfrak{su}_2^*)$ に他ならない.

4.2 Lie bialgebra の量子化

Lie bialgebra $(\mathfrak{g}, \delta)$ の量子化問題とは,べき級数環 $\mathbb{C}[[h]]$ 上の Hopf 環 (A, Δ) で以下のような性質を持ったものを構成する問題のことである.

1. A/hA は Hopf 環として $\mathcal{U}(\mathfrak{g})$ に同型
2. $x \in \mathfrak{g}, a \in A$ が $x = a \bmod h$ を満たすとき,

$$\delta(x) = (\Delta(a) - \Delta(a)_{21})/h \mod h$$

一つ目の条件と,$\mathcal{U}(\mathfrak{g})$ の余積 $\hat{\Delta}$ が余可換性 $\hat{\Delta} = \hat{\Delta}_{21}$ を持つことから,$a \in A$ について $\Delta(a) - \Delta(a)_{21}$ は h で割り切れることがわかる.したがって二つ目の条件にあるような,$(\Delta(a) - \Delta(a)_{21})/h \bmod h$ という式は実際に $\mathcal{U}(\mathfrak{g})$ の中で意味を持つ.また,δ が上に挙げた条件を満たすような A によって与えられた写像であるときには,A が Hopf 環であるということをもとにして Lie bialgebra の条件を導くことができる.

べき級数環を係数にした代数系 A を考えるということは,$h = 0$ のモデル A/hA から,h の値を無限小の範囲で動かしたものを考えるということに対応している.

したがって，Lie bialgebra の量子化問題とは，Lie bialgebra の構造が $h=0$ での 1 次微分になっているような代数系の族を，普遍包絡環の Hopf 環としての無限小連続変形の範囲で探す問題だ，と言い表すことができる．

単純 Lie 環[2] $\mathfrak{g}$ の標準的な Lie bialgebra 構造の量子化問題に対する解を与えるのが量子普遍包絡環であり，これは以下のような生成元と関係式によって与えられる Hopf 環 $\mathcal{U}_q(\mathfrak{g})$ として定められる．生成元としては，正の単純ルート α_i それぞれについて 3 種類の元 E_i, F_i, K_i を考える．このうち K_i たちはそれぞれ可逆で互いに交換し，また，異なる種類の生成元の間には $\mathfrak{g}$ の標準的な生成元の間の交換関係の類似である

$$K_i E_j K_i^{-1} = q^{(\alpha_i, \alpha_j)} E_j, \quad K_i F_j K_i^{-1} = q^{-(\alpha_i, \alpha_j)} F_j,$$

$$[E_i, F_j] = \delta_{i,j} \frac{K_i - K_i^{-1}}{q_i - q_i^{-1}} \quad (q_i = q^{\frac{(\alpha_i, \alpha_i)}{2}}),$$

という交換関係，および q-Serre 関係式と呼ばれる関係式

$$\sum_{k=0}^{1-a_{ij}} (-1)^k \begin{bmatrix} 1-a_{ij} \\ k \end{bmatrix}_{q_i} E_i^k E_j E_i^{1-a_{ij}-k} = 0,$$

$$\sum_{k=0}^{1-a_{ij}} (-1)^k \begin{bmatrix} 1-a_{ij} \\ k \end{bmatrix}_{q_i} F_i^k F_j F_i^{1-a_{ij}-k} = 0$$

が成り立つとする．ただし，$a_{ij} = 2(\alpha_i, \alpha_j)/(\alpha_i, \alpha_i)$ は $\mathfrak{g}$ の Cartan 行列であり，q 二項係数は q 整数 $[n]_q = (q^n - q^{-n})/(q - q^{-1})$ を用いて

$$\begin{bmatrix} m \\ k \end{bmatrix}_q = \frac{[m]_q!}{[k]_q! [m-k]_q!} \quad ([m]_q! = [m]_q [m-1]_q \cdots [1]_q)$$

と定義される．また，余積 $\hat{\Delta}_q$ は $\hat{\Delta}_q(K_i) = K_i \otimes K_i$,

$$\hat{\Delta}_q(E_i) = E_i \otimes 1 + K_i \otimes E_i, \quad \hat{\Delta}_q(F_i) = F_i \otimes K_i^{-1} + 1 \otimes F_i$$

によって，antipode $\hat{S}_q$ は

$$\hat{S}_q(K_i) = K_i^{-1}, \quad \hat{S}_q(E_i) = -K_i^{-1} E_i, \quad \hat{S}_q(F_i) = -F_i K_i$$

によって，counit $\hat{\epsilon}_q$ は

---

[2] 単純 Lie 環や関連する構造については A.4 節を参照のこと．

$$\hat{\epsilon}_q(K_i) = 1, \quad \hat{\epsilon}_q(E_i) = 0 = \hat{\epsilon}_q(F_i)$$

によって与えられる.

$\mathcal{U}_q(\mathfrak{g})$ の表示にはいくつかの流儀があり, q や K_i の平方根を添加したり, E_i, F_i の代わりに $X_i^+ = K_i^{-\frac{1}{2}} E_i, X_i^- = F_i K_i^{\frac{1}{2}}$ を用いて表したり, 余積として $\hat{\Delta}_q(x)_{21}$ を用いたりすることもある. また, 上の定式化からもわかるようにルート系の組合せ論的な情報があれば量子普遍包絡環は定義できるので, 半単純 Lie 環や Kac–Moody 環[3]などについても $\mathcal{U}_q(\mathfrak{g})$ が同様に定義される. 量子普遍包絡環は, 他の章で解説されるような様々な数学の分野との関わりを持った最も重要な量子群の例を与えており, 第 3 章で見た $\mathfrak{g} = \mathfrak{sl}_2$ の場合には Kulish–Reshetikhin, Sklyanin らによって, 一般の場合には Drinfeld [Dri85], 神保 [Jim85] らによって導入された.

量子化問題との対応は, パラメーター q と h を

$$q = e^h = 1 + h + \frac{h^2}{2} + \cdots + \frac{h^n}{n!} + \cdots$$

という式によって関連付けることで得られる. 生成元 E_i, F_i は同じ記号で書かれる $\mathfrak{g}$ の標準的な生成元に対応し, K_i は $q_i^{H_i}$ と解釈すべき元である. このように解釈したとき, $q \to 1$ や $h \to 0$ という極限のもとで $\mathcal{U}_q(\mathfrak{g})$ の構造が $\mathcal{U}(\mathfrak{g})$ の構造に「収束」することや $(\hat{\Delta}_q(E_i) - \hat{\Delta}_q(E_i)_{21})/h \to 2\delta(E_i)$ となることなどが, 上の定義式と q 整数に関する $[m]_q \to m$ という事実からわかる.

さらに Drinfeld はより一般の Lie bialgebra についてこの問題を攻略するために, 準 Lie bialgebra, 準 Hopf 環などの概念 (4.4 節参照) を導入した [Dri87, Dri89]. これらの研究を経て, Lie bialgebra の量子化問題は最終的に Etingof–Kazhdan [EK96, EK98] によって以下のような形で完全に解決された.

$\mathcal{C}$ を, 標数 0 の体 K 上の対称テンソル圏で, 射の集合 $\mathcal{C}(X,Y)$ が減少 filtration $\mathcal{C}(X,Y) = F_0 \supset F_1 \supset \cdots$ を持ち, この filtration についての完備性や合成に関する連続性を持つようなものとする[4]. $\mathcal{C}$ における Lie bialgebra で cobracket が F_1 に属するようなものの圏を $\mathsf{LBA}_0(\mathcal{C})$, $\mathcal{C}$ における Hopf 環で $\Delta - \Delta_{21}$ や $S - S^{-1}$ が F_1 に属するようなものの圏を $\mathsf{HA}_0(\mathcal{C})$ と書くことにしよう. このとき,

---

[3]量子群で Kac というと Victor G. Kac と Georgiy I. Kac の二人が有名だが, この用語は前者にちなんだものである. 後者については第 7 章を参照せよ.

[4]このような定式化が真価を発揮する重要な例として, 自由 $\mathbb{C}[[h]]$ 加群の複体の圏がある.

LBA_0 における Lie bracket や cobracket に関する「普遍的な公式」によって与えられる量子化関手 $Q\colon \mathsf{LBA}_0(\mathcal{C}) \to \mathsf{HA}_0(\mathcal{C})$ で, $\mathcal{C}$ の対象としては $Q(\mathfrak{g})$ が対称代数 $S(\mathfrak{g})$ に同型であり, $\delta_{\mathfrak{g}} = \Delta_{Q(\mathfrak{g})} - \Delta_{Q(\mathfrak{g})21} \mod F_2$ となるようなようなものがある. さらに Q は $\mathsf{LBA}_0(\mathcal{C})$ と $\mathsf{HA}_0(\mathcal{C})$ との間の圏同値を与えており, 逆関手 $\mathsf{HA}_0(\mathcal{C}) \to \mathsf{LBA}_0(\mathcal{C})$ は dequantization functor と呼ばれる.

ここで,
$$S(\mathfrak{g}) = \bigoplus_{n=0}^{\infty} \mathrm{Sym}^n(\mathfrak{g})$$
の各直和因子 $\mathrm{Sym}^n(\mathfrak{g})$ は, $\mathcal{C}$ 上の対称 braiding が導く準同型写像
$$\mathbb{C}[S_n] \to \mathrm{End}_{\mathcal{C}}(\mathfrak{g}^{\otimes n})$$
について, 自明表現の射影 $\frac{1}{n!}\sum_{\sigma}\sigma$ の像をとったものである. $\mathcal{C}$ の対象として $Q(\mathfrak{g}) \simeq S(\mathfrak{g})$ となるという要請は, $\mathfrak{g}$ が普通の意味での Lie 環ならば Poincaré–Birkhoff–Witt の定理により, ベクトル空間として $\mathcal{U}(\mathfrak{g}) \simeq S(\mathfrak{g})$ が成り立つ[5]ことの類似である.

4.3　r 行列の量子化

2.4 節で解説したように, Hopf 環 H における R 行列とは, $H \otimes H$ の適切な完備化における元 R で

1. $R\Delta(x)R^{-1} = \Delta(x)_{21}$ （x は H の元）
2. $(\Delta \otimes \iota)(R) = R_{13}R_{23}, (\iota \otimes \Delta)(R) = R_{13}R_{12}$

を満たす（このとき R は H における量子 Yang–Baxter 方程式の解になる）ものだった. r を Lie 環 $\mathfrak{g}$ における古典的 Yang–Baxter 方程式の解とする. r の量子化問題とは, r が定める $\mathfrak{g}$ の Lie bialgebra に関する量子化問題の解 A と, $\mathbb{C}[[h]]$ 上の Hopf 環 A における R 行列 R で,
$$R - 1 \in h(A \otimes A), \quad r = (R-1)/h \mod h$$
となるものを探すという問題である.

---

[5]$\mathcal{U}(\mathfrak{g})$ は, n 個の $\mathfrak{g}$ の元の積にかけるものが張る部分空間 F^n によって, 増大 filtration $F^0 = \mathbb{C} \subset F^1 = \mathbb{C} \oplus \mathfrak{g} \subset \cdots$ で $F^m F^n \subset F^{m+n}$ を満たすものを持つ. この filtration に付随する次数付き代数 $\bigoplus_n F^n/F^{n-1}$ が $S(\mathfrak{g})$ と自然に同型である.

単純 Lie 環の標準的 r 行列については，$\mathcal{U}_q(\mathfrak{g})$ の普遍 R 行列と呼ばれる元 R_q でこの量子化問題の解を与えるものがある．R_q の構成にあたって重要なポイントは $\mathcal{U}_q(\mathfrak{g})$ が「ほぼ」Drinfeld double の形をしているという Drinfeld の洞察 [Dri87] である．$\mathcal{U}_q(\mathfrak{g})$ の生成元のうちで K_i, E_i たちだけによって生成される部分 Hopf 環を $\mathcal{U}_q(\mathfrak{b}_+)$，$K_i$, F_i たちだけによって生成される部分 Hopf 環を $\mathcal{U}_q(\mathfrak{b}_-)$ と書くことにすると，これらの Hopf 環は互いに双対の関係にあることがわかる．また，$\mathcal{U}_q(\mathfrak{b}_+)$ と $\mathcal{U}_q(\mathfrak{b}_-)$ の元の間の $\mathcal{U}_q(\mathfrak{g})$ における交換関係もちょうど Drinfeld double における交換関係と同じものになっている．したがって，$\mathcal{U}_q(\mathfrak{g})$ は $D(\mathcal{U}_q(\mathfrak{b}_+))$ に二重に含まれている K_i たちをそれぞれ同一視して得られる代数系だと見なすこともできる．このようにして，$D(\mathcal{U}_q(\mathfrak{b}_+))$ の普遍 R 行列を表す式を $\mathcal{U}_q(\mathfrak{g}) \otimes \mathcal{U}_q(\mathfrak{g})$ の中で解釈することで Hopf 環としての R 行列 R_q[6]が得られる．また，この式の具体的な形から，R_q が標準的な r 行列の 2 倍[7]の量子化を与えていることもわかる．

一般的な Lie 環における r 行列の量子化問題は，Lie bialgebra の量子化問題と同じくやはり Etingof–Kazhdan [EK96] によって解決された．また，本節で説明したような Lie 環のレベルでの Manin triple と量子普遍包絡環の Drinfeld double の構成の関係も，有限次元 Lie 環の場合には Etingof–Kazhdan によって，一般の場合には Enriquez–Geer [EG09] によって示されている．また，単純 Lie 環にこれらの構成を適用して与えられる準三角 Hopf 環は，量子普遍包絡環と普遍 R 行列の組に同型になることも知られている．

上記の諸結果は基本的にスペクトルパラメーターを含まない形の R 行列を与えるものであったが，単純 Lie 環に対するスペクトルパラメーター付きの R 行列も，有理型の場合には $\mathcal{U}(\mathfrak{g}[z])$ の変形である Yangian と呼ばれる Hopf 環 $Y(\mathfrak{g})$ における「普遍 R 行列」を考えることで，三角型の場合にはループ環

$$L\mathfrak{g} = \mathfrak{g}[z, z^{-1}] = \hat{\mathfrak{g}}/Z(\hat{\mathfrak{g}})$$

の量子普遍包絡環 $\mathcal{U}_q(L\mathfrak{g})$ における類似の構成を考えることによって得られる [Baz85, Dri87, TK92] ことが知られている．

---

[6] より正確には，$q = e^h$ を満たす h ごとに普遍 R 行列が定まるので，R_h と書いた方がよい．

[7] r ではなく $2r$ が現れるのは，X が E_i, F_i のいずれかのとき $(\hat{\Delta}_q(X) - \hat{\Delta}_q(X)_{21})/h \to 2\delta(X)$ になるため．

例 4.2 ($\widehat{\mathfrak{sl}}_2$ に付随する三角型の R 行列 [TK92, LSS93]) $\mathcal{U}_q(L\mathfrak{sl}_2)$ からは

$$\phi_q(z) = \frac{q^{\frac{1}{2}}}{1-q^{-2}z} \exp\left(\sum_{n=1}^{\infty} \frac{(q^n - q^{-n})z^n}{(q^n + q^{-n})n} \right)$$

という因子を用いて

$$R(z) = \phi_q(z) \begin{pmatrix} 1-q^{-2}z & 0 & 0 & 0 \\ 0 & q^{-1}(1-z) & (1-q^{-2}) & 0 \\ 0 & (1-q^{-2})z & q^{-1}(1-z) & 0 \\ 0 & 0 & 0 & 1-q^{-2}z \end{pmatrix}$$

と書ける ($u = \log z$ についての) 三角型の R 行列が得られる[8]．この R 行列は Baxter による可解格子模型の研究に現れたものと，定数倍の違いを除いて一致している．また，古典的な極限を考えて得られる r 行列は

$$\frac{1}{4(1-z)} \begin{pmatrix} 1+z & 0 & 0 & 0 \\ 0 & -(1+z) & 4 & 0 \\ 0 & 4z & -(1+z) & 0 \\ 0 & 0 & 0 & 1+z \end{pmatrix}$$

である．

4.4 Associator と準 Hopf 環

今までに説明してきたような一般の Lie bialgebra の量子化を構成する際に基礎となるのは，Drinfeld associator と呼ばれる概念である．これは準三角準 Hopf 環と呼ばれる構造のうちである種の普遍性を持つ例であり，1990 年代初めの Drinfeld の一連の研究の中で導入された [Dri90, Bar98]．

準 Hopf 環とは，Hopf 環の余積に関する結合性の条件を弱めた代数的な対象であり，Hopf 環の変形に関する考察から自然に現れる [Dri89]．Drinfeld がこの概念に到達した動機は Knizhnik–Zamolodchikov 方程式と呼ばれる偏微分方程式から得られる組みひも群の表現と，量子普遍包絡環の普遍 R 行列により与えられる表現とを比較した河野の定理 [Koh88] をよりよく理解することだったと

---

[8] 例 6.4 で得られる $\mathcal{U}_q(\widehat{\mathfrak{sl}}_2)$ 加群のテンソル積への作用を適切に解釈する．

されている.具体的には,準 Hopf 環とは代数 H,「余積」準同型写像 $\Delta\colon H \to H \otimes H$, counit 準同型写像 $\epsilon\colon H \to \mathbb{C}$, および associator と呼ばれる可逆元 $\Phi \in H \otimes H \otimes H$ で

1. counit 条件 $(\epsilon \otimes \iota)\Delta = \iota = (\iota \otimes \epsilon)\Delta$,
2. 結合性の条件 $(\iota \otimes \Delta)\Delta(x) = \Phi((\Delta \otimes \iota)\Delta(x))\Phi^{-1}$,
3. 五角形等式と呼ばれる条件

$$(\iota \otimes \Delta)(\Phi)(\Delta \otimes \iota)(\Phi) = \Phi_{234}(\iota \otimes \Delta \otimes \iota)(\Phi)\Phi_{123},$$

4. 正規化の条件 $(\iota \otimes \epsilon \otimes \iota)(\Phi) = 1$ を満たし,さらに
5. antipode と呼ばれる反自己同型 $S\colon H \to H$ と $\alpha, \beta \in H$ で

$$S(x_{[1]})\alpha x_{[2]} = \epsilon(x)\alpha, \quad x_{[1]}\beta S(x_{[2]}) = \epsilon\beta$$

を満たすものが存在する

という条件を満たすものの組 $(H, \Delta, \epsilon, \Phi)$ のことである.Antipode の存在条件に現れた (S, α, β) は,可逆元 $u \in H$ に関する $S^u(x) = uS(x)u^{-1}$, $\alpha^u = u\alpha$, $\beta^u = \beta u^{-1}$ という変換による曖昧さを除き一意に定まる.このような準 Hopf 環に対し,H 加群 M, N のテンソル積 $M \otimes N$ は $\Delta(x)$ の作用によって再び H 加群の構造を持つ.この操作に加え,Φ の作用を $(L \otimes M) \otimes N$ から $L \otimes (M \otimes N)$ への associator と見なすことにより,H 加群の圏はテンソル圏の構造を持つことがわかる(第 8 章も参照のこと).また,antipode により反傾表現の概念も自然に定められることがわかる.

加群のテンソル圏的な構造を変えないようにしたとき,どのような準 Hopf 環の構造の変形が許されるか,という考察から以下のような twist の概念が得られる.$(H, \Delta, \epsilon, \Phi)$ の twist とは,正規化条件 $(\epsilon \otimes \iota)(F) = 1 = (\iota \otimes \epsilon)(F)$ を満たすような $H \otimes H$ の可逆元 F(この元のことも twist と呼ぶことがある)をもとにした,新しい余積 $\Delta_F(x) = F\Delta(x)F^{-1}$ と associator

$$\Phi_F = F_{23}(\iota \otimes \Delta)(F)\Phi(\Delta \otimes \iota)(F^{-1})F_{12}^{-1}$$

により与えられる準 Hopf 環 $H_F = (H, \Delta_F, \epsilon, \Phi_F)$ のことである(H の antipode と F をもとにして,この新しい構造に関する antipode を構成することができる).この構成から,新しい H_F の加群の圏はもともとの H の加群の圏と,線形圏としては同じものである.さらに,F の作用がそれぞれのテンソル積を比較する同

型射の族を与えているので，恒等関手と F の組によってこれらの圏はテンソル圏として同値になることがわかる．

さらに，準 Hopf 環の表現の圏での量子 Yang–Baxter 方程式を考えることにより，準三角準 Hopf 環の概念が得られる．つまり，$H \otimes H$ の可逆元 R で，余積の交換条件 $R\Delta(x)R^{-1} = \Delta(x)_{21}$，および六角形等式と呼ばれる

$$(\Delta \otimes \iota)(R) = \Phi_{312} R_{13} \Phi_{132}^{-1} R_{23} \Phi$$

$$(\iota \otimes \Delta)(R) = \Phi_{231}^{-1} R_{13} \Phi_{213} R_{12} \Phi^{-1}$$

を満たす[9]ものを，H の R 行列といい，$(H, \Delta, \epsilon, \Phi, R)$ を準三角準 Hopf 環という．R がこの方程式の解ならば R_{21}^{-1} も自動的に解となるが，これはテンソル圏の braiding c について逆 braiding c^{-1} を考えるということに対応している．また，上記のような F による H の twist を考えたとき，$R_F = F_{21} R F^{-1}$ は Δ_F，Φ_F に関する準三角準 Hopf 環の構造を与えている．

Drinfeld による河野の定理の証明の主なポイントは，Knizhnik–Zamolodchikov 方程式により決まる $\mathcal{U}(\mathfrak{g})$ の associator Φ_{KZ}（8.3 節参照）が twist によって自明化でき，対応する準三角 Hopf 環は $\mathcal{U}_q(\mathfrak{g})$ になること，つまり準三角準 Hopf 環 $(\mathcal{U}(\mathfrak{g}), \hat{\Delta}, \hat{\epsilon}, \Phi_{\mathrm{KZ}}, q^t)$ の twist によって $(\mathcal{U}_q(\mathfrak{g}), \hat{\Delta}_q, \hat{\epsilon}_q, R_q)$ が得られるということである．この証明における重要なステップは，単純 Lie 環 $\mathfrak{g}$ について $\mathfrak{g}$ 不変テンソル $t \in \mathfrak{g} \otimes \mathfrak{g}$ を固定すれば，対応する $\mathfrak{g}$ の Lie bialgebra の構造の量子化を与えるような $\mathcal{U}(\mathfrak{g})[[h]]$ の準三角 Hopf 環の構造は，twist と $R \to R_{21}^{-1}$ という変換を除いて本質的に一意に定まってしまう[10]という分類定理である．

Knizhnik–Zamolodchikov associator Φ_{KZ} は微分方程式を用いて超越的に定められるが，以下のように $\mathbb{Q}$ 上での純代数的な設定を考えても associator (Drinfeld associator) が存在することが知られている．これは Lie 環 $\mathfrak{g}$ に対する $\mathfrak{g}$ 不変なテンソル $t \in \mathfrak{g} \otimes \mathfrak{g}$ を $\mathcal{U}(\mathfrak{g})^{\otimes \infty}$ の中で様々な位置に置いたものたち t_{ij} の挙動を抜き出した代数系において定式化される associator である．

具体的には，相異なる自然数の対 $1 \leq i \neq j \leq n$ で添字付けられた元 t_{ij} で，

1. $t_{ij} = t_{ji}$,

---

[9] この条件は，σR の作用が 8.1 節の意味での braiding を定めるということに他ならない．
[10] Drinfeld–神保の方法と Woronowicz の方法という，まったく見かけの異なるコンパクト Lie 群の変形理論が本質的に同じ対象を与えることもこの分類から納得されるだろう．

2. i, j, k, l がすべて互いに異なるなら $[t_{ij}, t_{kl}] = 0$,
3. i, j, k が互いに異なるなら $[t_{ij}, t_{ik} + t_{jk}] = 0$

という関係のみを満たすものによって生成される代数系 T_n を考える．このとき，交わりのない自然数の有限集合の組 $P_1, \ldots, P_m \subset \{1, \ldots, k\}$ に対し，T_m から T_k への準同型 $\rho_{P_1,\ldots,P_m}$ が $\rho_{P_1,\ldots,P_m}(t_{ij}) = \sum_{p \in P_i, q \in P_j} t_{pq}$ によって定められる．また，T_m の元 X に対し，$\rho_{P_1,\ldots,P_m}(X)$ を $X_{P_1,\ldots,P_m}$ と書くことにする．さらに $B = e^{ht_{12}/2}$ と置く．このとき，Drinfeld associator とは，t_{12} と t_{23} の交換子の組合せに関する式 $P(ht_{12}, ht_{23})$ を用いて $e^{P(ht_{12},ht_{23})}$ と表される $T_3[[h]]$ の元 Φ で，五角形等式

$$\Phi_{1,2,34}\Phi_{12,3,4} = \Phi_{2,3,4}\Phi_{1,23,4}\Phi_{1,2,3}$$

および六角形等式

$$B_{12,3} = \Phi_{3,1,2}B_{1,3}\Phi_{1,3,2}^{-1}B_{2,3}\Phi_{1,2,3}$$
$$B_{1,23} = \Phi_{2,3,1}^{-1}B_{1,3}\Phi_{2,1,3}B_{1,2}\Phi_{1,2,3}^{-1}$$

を満たすもののことである．実際にこのような associator が $\mathbb{Q}$ 上で存在することはコホモロジー的な議論により示され，さらに，associator 全体の集合は Grothendieck–Teichmüller 群と Drinfeld が名付けた群の自由かつ推移的な作用を持つことが知られている [Dri90, Bar98]．

Lie 環 $\mathfrak{g}$ と $\mathfrak{g}$ 不変なテンソル $t \in \mathfrak{g} \otimes \mathfrak{g}$ を固定したとき，Drinfeld associator Φ を考えるごとに Φ の式中の t_{12} を t と解釈することで $\mathcal{U}(\mathfrak{g})^{\otimes 3}$ の元が得られる．この元の作用が $\mathfrak{g}$ の表現のなす圏におけるテンソル積の新たな結合律を与えており，通常の $\mathfrak{g}$ の表現のテンソル圏を変形した Drinfeld 圏と呼ばれるテンソル圏が得られる．さらに，e^{ht} の作用はこのテンソル圏における量子 Yang–Baxter 方程式の解 (braiding) を与えている．$\mathfrak{g}$ が Lie bialgebra のときは $\mathfrak{g} \bowtie \mathfrak{g}^*$ と普遍 r 行列 $t = \sum_i x_i \otimes x^i$ に対してこれを考えたものが Etingof–Kazhdan の量子化の構成の基礎となるため，Etingof–Kazhdan の量子化は Drinfeld associator の選択に依存することになり，Grothendieck–Teichmüller 群によって表されるだけの非一意性があることになる．

4.5 ノート

普遍 R 行列 R_h を具体的に $\mathcal{U}_q(\mathfrak{g})$ の生成元によって表す公式は Kirillov–Reshetikhin [KR90], Levendorskii–Soibelman [LS90] によって与えられた. $\mathfrak{g}$ が半単純 Lie 環の場合には, $h \to 0$ に関する極限の振る舞いを仮定しない, 単独の Hopf 環としての $\mathcal{U}_q(\mathfrak{g})$ における R 行列の分類が Gaitsgory [Gai95] によって得られている (普遍 R 行列を G の中心の Pontryagin 双対の上の対称な bicharacter で摂動したものがすべてである). Kac–Moody 環の量子普遍包絡環における R 行列の分類も, Gaitsgory の結果よりは少し弱い形でだが, Khoroshkin–Tolstoy [KT92] によって得られている.

4.4 節の結果は主に [Dri89, Dri90] による. Bar-Natan の論説 [Bar98] は Grothendieck–Teichmüller 群の associator の集合への作用についてより概念的な説明を与えている. (Pure) braid 群の Malcev 完備化と河野–Drinfled Lie 環 T_n の間の Drinfeld associator を通じた関係 (formality) は, 結び目の Vassiliev 不変量を統一的に理解するためにも重要な役割を果たす.

Lie bialgebra の量子化問題は量子群の概念に至る「王道」の一つであり, [Kas95, CP95] などの標準的な文献で詳しく解説されている. Drinfeld による国際数学者会議での講演 [Dri87] も未だに価値を失っていない. また, $\mathfrak{g}$ が有限次元の場合を簡明に説明している書籍として [Jan96] がある.

Etingof–Kazhdan 理論による圏論的な量子化定理は twist によらない形での $\mathcal{U}(\mathfrak{g})[[h]]$ 上の Hopf 環の構造の分類を導くことが Karolinsky ら [Kad+13, Kad+15] により示唆されている.

また, 日本語による文献では [神保 12, 谷崎 02] が詳しい.

参考文献

[Bar98]   D. Bar-Natan. "On associators and the Grothendieck-Teichmuller group. I". *Selecta Math. (N.S.)* **4** (2) (1998), pp. 183–212.

[Baz85]   V. V. Bazhanov. "Trigonometric solutions of triangle equations and classical Lie algebras". *Phys. Lett. B* **159** (4-6) (1985), pp. 321–324.

[CP95]   V. Chari, A. Pressley. *A guide to quantum groups.* Cambridge: Cambridge University Press, 1995.

[Dri85]   V. G. Drinfel'd. "Hopf algebras and the quantum Yang-Baxter equation". *Dokl. Akad. Nauk SSSR* **283** (5) (1985), pp. 1060–1064.

[Dri87]   V. G. Drinfel'd. "Quantum groups". In: *Proceedings of the International Congress of Mathematicians, Vol. 1, 2 (Berkeley, Calif., 1986)*. Providence, RI: Amer. Math. Soc., 1987, pp. 798–820.

[Dri89]   V. G. Drinfel'd. "Quasi-Hopf algebras". *Algebra i Analiz* **1** (6) (1989), pp. 114–148.

[Dri90]   V. G. Drinfel'd. "On quasitriangular quasi-Hopf algebras and a group closely connected with $\mathrm{Gal}(\overline{\mathbf{Q}}/\mathbf{Q})$". *Algebra i Analiz* **2** (4) (1990), pp. 149–181.

[EG09]   B. Enriquez, N. Geer. "Compatibility of quantization functors of Lie bialgebras with duality and doubling operations". *Selecta Math. (N.S.)* **15** (1) (2009), pp. 1–59.

[EK96]   P. Etingof, D. Kazhdan. "Quantization of Lie bialgebras. I". *Selecta Math. (N.S.)* **2** (1) (1996), pp. 1–41.

[EK98]   P. Etingof, D. Kazhdan. "Quantization of Lie bialgebras. II, III". *Selecta Math. (N.S.)* **4** (2) (1998), pp. 213–231, 233–269.

[Gai95]   D. Gaitsgory. "Existence and uniqueness of the R-matrix in quantum groups". *J. Algebra* **176** (2) (1995), pp. 653–666.

[Jan96]   J. C. Jantzen. *Lectures on quantum groups*. Graduate Studies in Mathematics 6. American Mathematical Society, Providence, RI, 1996.

[Jim85]   M. Jimbo. "A q-difference analogue of $U(\mathfrak{g})$ and the Yang-Baxter equation". *Lett. Math. Phys.* **10** (1) (1985), pp. 63–69.

[Kad+13]   B. Kadets et al.. *Classification of quantum groups and Belavin-Drinfeld cohomologies*. preprint. 2013.

[Kad+15]   B. Kadets et al.. *Classification of quantum groups and Belavin-Drinfeld cohomologies for orthogonal and symplectic Lie algebras*. preprint. 2015.

[Kas95]   C. Kassel. *Quantum groups*. Graduate Texts in Mathematics 155. New York: Springer-Verlag, 1995.

[Koh88]   T. Kohno. *Quantized universal enveloping algebras and monodromy of braid groups*. preprint. 1988.

[KR90]   A. N. Kirillov, N. Reshetikhin. "q-Weyl group and a multiplicative formula for universal R-matrices". *Comm. Math. Phys.* **134** (2) (1990), pp. 421–431.

[KT92] S. M. Khoroshkin, V. N. Tolstoy. "The uniqueness theorem for the universal R-matrix". *Lett. Math. Phys.* **24** (3) (1992), pp. 231–244.

[LS90] S. Z. Levendorskiĭ, Y. S. Soĭbel'man. "Some applications of the quantum Weyl groups". *J. Geom. Phys.* **7** (2) (1990), pp. 241–254.

[LSS93] S. Levendorskii, Y. Soibelman, V. Stukopin. "The quantum Weyl group and the universal quantum R-matrix for affine Lie algebra $A_1^{(1)}$". *Lett. Math. Phys.* **27** (4) (1993), pp. 253–264.

[TK92] V. N. Tolstoĭ, S. M. Khoroshkin. "Universal R-matrix for quantized nontwisted affine Lie algebras". *Funktsional. Anal. i Prilozhen.* **26** (1) (1992), pp. 85–88.

[神保 12] 神保道夫.『量子群とヤン・バクスター方程式』. 現代数学シリーズ. 丸善出版. 2012.

[谷崎 02] 谷崎俊之.『リー代数と量子群』. 共立叢書 現代数学の潮流. 共立出版. 2002.

第 5 章

変形量子化

　量子群の理論は Poisson 多様体[1]の概念を通じて幾何学とも密接に関連している．この概念は，Hamilton 力学の形式を抽象化することにより得られたものであり，「量子群上の関数」の体系は Hamilton 力学から量子力学への移行に相当する変形量子化の重要な例を与えている．

5.1　Poisson 多様体

　偶数次元の Euclid 空間 $\mathbb{R}^{2n}$ 上の変数 $(x_1,\ldots,x_n,\xi_1,\ldots,\xi_n)$ のうち，$x = (x_1,\ldots,x_n)$ を位置変数，$\xi = (\xi_1,\ldots,\xi_n)$ を運動量変数と考えることにしよう．$\mathbb{R}^{2n}$ が表す相空間上に Hamiltonian $H(x,\xi)$ が与えられているとき，Hamilton 力学における粒子の状態 (x,ξ) の時間発展の様子は

$$\frac{dx_i}{dt} = \frac{\partial H(x,\xi)}{\partial \xi_i}, \quad \frac{d\xi_i}{dt} = -\frac{\partial H(x,\xi)}{\partial x_i}$$

という Hamilton 方程式によって表される．ここで，$\mathbb{R}^{2n}$ 上の関数 f, g に対する Poisson bracket

$$\{f, g\} = \sum_{i=1}^{n} \frac{\partial f}{\partial x_i}\frac{\partial g}{\partial \xi_i} - \frac{\partial f}{\partial \xi_i}\frac{\partial g}{\partial x_i}$$

を考えると，上の方程式は

$$\frac{dx_i}{dt} = \{x_i, H\}, \quad \frac{d\xi_i}{dt} = \{\xi_i, H\}$$

という完全に対称的な形で表すことができる．また，$f \mapsto \{f, H\}$ という操作は Leibniz 則

$$\{fg, H\} = \{f, H\}g + f\{g, H\}$$

---

[1] 多様体については A.3 節を参照のこと．

を満たし，相空間上のベクトル場に対応することがわかる．結局，Hamilton 方程式とはこのベクトル場による流れの方程式に他ならない．

以上のような方法論を曲がった空間に一般化し，bracket の「非退化性」の条件[2]も外して得られるのが Poisson 多様体の概念である．具体的には，Poisson 多様体とは，滑らかな関数のなす環が Lie 環の構造を持ち，その bracket (Poisson bracket) $\{f, g\}$ が各変数についての Leibniz 則を満たすようなもの，として定式化される．この構造は $\{f, g\} = \langle \Pi, df \wedge dg \rangle$ という対応を通じて，$\wedge^2 TM$ の切断 Π で Schouten–Nijenhuis bracket に関する条件 $[\Pi, \Pi] = 0$ を満たすようなもの（Poisson テンソル，Poisson bivector）により与えられていると見なすこともできる．また，Poisson 多様体の間の滑らかな写像で，これらの構造を保つようなものを Poisson 写像という．

量子群の文脈で特に興味があるのは，Poisson 構造を持つ Lie 群で積写像が Poisson 写像になっているようなもの（Poisson–Lie 群）である．Drinfeld [Dri83] は連結かつ単連結な Lie 群 G に対する Poisson–Lie 群の構造が，その Lie 環に対する Lie bialgebra の構造とちょうど対応しているということを見出した．具体的な対応は，$T_e^* G \simeq \mathfrak{g}^*$ という自然な同一視のもとで，$C^\infty(G)$ の元 f, g に関する規則 $[df_e, dg_e]_{\mathfrak{g}^*} = d\{f, g\}_e$ によって与えられる．

一般に，$\wedge^2 \mathfrak{g}$ の元 ω が与えられたとき，G 上の右不変な双ベクトル場で単位元での値が ω である $\pi_\lambda(\omega)$ や，左不変な双ベクトル場で同様の条件を満たす $\pi_\rho(\omega)$ を考えることができる．2.2 節では古典的 Yang–Baxter 方程式の変数変換によって，半単純 Lie 環 $\mathfrak{g}$ の正規直交基底 $(x_i)_i$ と $\tilde{r} \in \mathfrak{g} \otimes \mathfrak{g}$ に関する方程式であるユニタリ条件 $\tilde{r} = -\tilde{r}_{21}$，および修正された古典的 Yang–Baxter 方程式

$$[\tilde{r}_{12}, \tilde{r}_{13}] + [\tilde{r}_{12}, \tilde{r}_{23}] + [\tilde{r}_{13}, \tilde{r}_{23}] = -\frac{1}{4} \sum_{i,j} x_i \otimes x_j \otimes [x_i, x_j]$$

が現れた．左辺に現れる $\tilde{r}$ に関する式を $\langle \tilde{r}, \tilde{r} \rangle$ と表すことにすると，ユニタリ条件を満たすような $\mathfrak{g} \otimes \mathfrak{g}$ の元 s（$\wedge^2 \mathfrak{g}$ の元と見なすこともできる）については，$\langle s, s \rangle$ が $\mathfrak{g}^{\otimes 3}$ の $\mathfrak{g}$ 不変な元であるということと，$\pi_\lambda(s) - \pi_\rho(s)$ が G 上の Poisson テンソルであるということは同じになる[3]．$\mathfrak{g}$ が単純 Lie 環の場合には，$\mathfrak{g}^{\otimes 3}$ の $\mathfrak{g}$

---

[2] 局所的には $\mathbb{R}^{2n}$ の Poisson bracket のような非退化な bracket を持つ場合を symplectic 多様体という．

[3] $\pi_\lambda(\langle s, s \rangle) - \pi_\rho(\langle s, s \rangle)$ は $\pi_\lambda(s) - \pi_\rho(s)$ の Schouten–Nijenhuis bracket の定数倍になっ

不変な元は定数倍を除いて $\sum_{i,j} x_i \otimes x_j \otimes [x_i, x_j]$ に一致している．このようにして，古典的 Yang–Baxter 方程式の幾何的な意味付けとして Poisson–Lie 群の概念が自然に現れることになる．

Belavin–Drinfeld の分類から，コンパクト単純 Lie 群の Poisson–Lie 群としての構造は以下のように分類できる [Soĭ90]．G をコンパクト単純 Lie 群，その Lie 環を $\mathfrak{g}_\mathbb{R}$ としたとき，G の極大トーラス T を選ぶことによって $\mathfrak{g}_\mathbb{R}$ の Cartan 部分環 $\mathfrak{h}_\mathbb{R}$ が定まる．$(\mathfrak{g}_\mathbb{R}, \mathfrak{h}_\mathbb{R})$ の複素化 $(\mathfrak{g}, \mathfrak{h})$ と，各ルートに対応する標準的な生成元 e_α を考えたとき，$e_\alpha \mapsto -e_{-\alpha}, H \mapsto H$ ($H \in \mathfrak{h}_\mathbb{R}$) によって特徴付けられる反線形な $\mathfrak{g}$ の変換 ω_0 による固定部分空間が $\mathfrak{g}_\mathbb{R}$ になる．このとき，ω_0 によって不変な古典的 r 行列が G 上の Poisson–Lie 群の構造に対応している．Belavin–Drinfeld によるリストのうちで，そのようなものは $\Pi_1 = \emptyset = \Pi_2$ かつ，$\mathfrak{h} \otimes \mathfrak{h}$ の成分が $\mathfrak{h}_\mathbb{R} \otimes_\mathbb{R} \mathfrak{h}_\mathbb{R}$ に属しているものであり，修正された古典的 Yang–Baxter 方程式の解の形で表せば，

$$u + a \sum_{\alpha \in \Phi_+} (e_\alpha \otimes e_{-\alpha} - e_{-\alpha} \otimes e_\alpha) \quad (a \in \sqrt{-1}\,\mathbb{R},\ u \in \wedge_\mathbb{R}^2 \mathfrak{h}_\mathbb{R})$$

となる．このうちで $u = 0$ の場合が 4.1 節で現れた標準的な r 行列（の純虚数倍）であり，対応する G 上の構造を標準的な Poisson–Lie 構造と呼ぶ．

G は $\mathfrak{g}$ に対応する Lie 群 $G_\mathbb{C}$ の極大コンパクト部分群になっているので，岩澤分解 $G_\mathbb{C} = KAN$ の K の部分がちょうど G に対応する[4]．このとき残りの $G^* = AN$ の部分の Lie 環が，標準的な r 行列が定める $\mathfrak{g}_\mathbb{R}$ の Lie bialgebra の構造によって $\mathfrak{g}_\mathbb{R}^*$ を Lie 環と見なしたものと同一視される．また，$\mathfrak{g}$ 全体の Lie 環の構造は 4.1 節で解説した $\mathfrak{g}_\mathbb{R} \bowtie \mathfrak{g}_\mathbb{R}^*$ と同一視することができる．

5.2 Symplectic 葉と Schubert cell

Hamilton 力学における時間発展の類似を与えるのが，Poisson テンソル Π を完全 1 形式で縮約して得られる $(\iota \otimes df)(\Pi)$ という形のベクトル場（関数 f の Hamilton ベクトル場）である．前節冒頭の $\mathbb{R}^{2n}$ の例では，x_i の Hamilton ベク

ている．また，t の不変性により $\pi_\lambda(\tilde{r}) - \pi_\rho(\tilde{r})$ と $\pi_\lambda(r) - \pi_\rho(r)$ は同じ Poisson bracket を導くことにも注意しておこう．

[4] 群のレベルでは G と G^* が $G_\mathbb{C}$ における matched pair をなすということである．

トル場が ξ_i を減らす方向への流れを，ξ_i の Hamilton ベクトル場が x_i を増やす方向への流れを表していた．

このように様々な Hamilton ベクトル場に沿った流れの繰り返しによって移りあう点同士をまとめて得られる領域を symplectic 葉と呼び，これは Poisson 多様体の部分多様体による分割を与えている．これらの部分多様体の次元は一定とは限らないので，この分割は特異葉層と呼ばれる構造の例になっている．

コンパクト単純 Lie 群 G の標準的な Poisson–Lie 構造を考えたとき，付随する Hamilton ベクトル場の方向とは，$G = G_{\mathbb{C}}/G^*$ という同一視のもとで $G^* = AN$ の左からの作用 (dressing action) によって得られるようなものに他ならない．特に，symplectic 葉とは G^* の左からの積作用に関する軌道だということになる．

G^* にさらに G の極大トーラス T を付け加えたものは $G_{\mathbb{C}}$ の Borel 部分群 B になる．旗多様体 $G/T = G_{\mathbb{C}}/B$ は複素多様体の構造を持ち，表現論における最も基本的な対象の一つである．また，G の Poisson–Lie 構造は T による作用で不変なので，旗多様体も Poisson 多様体の構造を持ち，その symplectic 葉は再び G^* の軌道に一致する．また，旗多様体における G^* の軌道は左からの T の作用で保たれているので，symplectic 葉は B の軌道（Schubert cell）にもなっている．表現論における基本的な結果から，両側剰余類の集合 $B \backslash G_{\mathbb{C}} / B$ と G の Weyl 群 W との間には全単射写像があり，閉包に関する包含関係により定まる Schubert cell の間の半順序関係 $o_1 \subset \bar{o}_2$ は，W の標準的な生成元に関する語表示に基づく Bruhat 順序という構造に対応している．

$w \in W$ に対応する Schubert cell は，unipotent 群 N 上の複素座標をもとにして $\mathbb{C}^{l(w)}$ による座標付けを与えることができる．ただし，$l(w)$ は W の標準的な生成元に関する w の word length（w を生成元の積として表すために必要な項の数の最小数）である．この cell 上での Poisson 構造は正則座標と半正則座標に関する標準的な symplectic 構造の変形として表すことができる [Lu99]．また，G の標準的な Poisson–Lie 構造に関する各 symplectic 葉は G/T における像の symplectic 葉と同じ次元を持ち，G の symplectic 葉への分解は $G = \coprod_{w \in W, t \in T} \mathbb{C}^{l(w)} \times \{t\}$ と表すことができる．G/T に関する考察から，G の Poisson bracket も同じように $\mathbb{C}^{l(w)}$ の symplectic 構造の変形によって表すことができる．

例 5.1 $G = \mathrm{SU}(2)$ の場合，$\mathrm{SU}(2)/\mathrm{U}(1) \simeq \mathrm{S}^2$ は $W = S_2$ に対応した二つの

Schubert cell

$$\{[e]\}, \quad \left\{ \left[\begin{pmatrix} \bar{z} & \sqrt{1-|z|^2} \\ -\sqrt{1-|z|^2} & z \end{pmatrix} \right] \Bigg| \; |z| < 1 \right\}$$

を持つ. $G_{\mathbb{C}} = \mathrm{SL}(2;\mathbb{C})$ の作用は $\mathbb{P}^1(\mathbb{C}) \simeq S^2$ への 1 次分数変換

$$\begin{pmatrix} a & b \\ c & d \end{pmatrix}.[z_0:z_1] = [az_0 + bz_1 : cz_0 + dz_1]$$

によって表されており, $c=0$ が定める Borel 部分群によって固定される点 $[1:0]$ が 0 次元 cell $[e]$ に, 残りの部分が 2 次元の cell に対応している.

対応する Poisson 構造は, $S^2 \subset \mathbb{R}^3$ 上で表すと

$$\{x_i, x_{i+1}\} = (1-x_1)x_{i+2}$$

によって特徴付けられている. ここで添字は $\mathrm{mod}\,3$ で考えたものであり, x_1, x_2, x_3 は $\mathbb{R}^3$ 上の座標関数の S^2 への制限を表している. これは, 例 4.1 における $\mathfrak{su}_2$ の Lie bracket が誘導する $\mathfrak{su}_2^*$ 上の関数の体系の Poisson 構造 (Kirillov bracket) を $1-x_1$ 倍したものでもある.

5.3 量子関数環

Poisson 多様体 (M, Π) に関する最も重要な問題は, Poisson bracket を極限とするような非可換代数系の族を探す問題である. これは解析力学の枠組みから量子力学の枠組みへと移行する正準量子化の手続きに相当するものであり, より具体的には, $C^{\infty}(M)$ の (十分大きな) 部分代数系 A と, ベクトル空間としては A と同一視されるような代数系 $A_h = (A, *_h)$ の族で, 各 $a, b \in A$ について

1. $a *_h b$ は h に関して滑らか
2. $h \to 0$ のとき $a *_h b \to ab$
3. $h \to 0$ のとき $\frac{1}{h}(a *_h b - b *_h a) \to \{a, b\}$

が成り立つようなものを探すという問題だと定式化することができる. また, このような族 $(A_h)_h$ を (M, Π) の変形量子化と呼ぶ.

5.1 節の冒頭に挙げたような偶数次元の Euclid 空間 $\mathbb{R}^{2n}$ 上の標準 Poisson 構造 (symplectic 構造) の場合, 関数としての積をとる操作 $m(f \otimes g) = fg$ と,

$\Pi = m \circ \tilde{\Pi}$ を満たす変換

$$\tilde{\Pi} = \sum_{i,j} \Pi^{ij} \partial_i \otimes \partial_j = \sum_{i=1}^{n} \partial_{x_i} \otimes \partial_{\xi_i} - \partial_{\xi_i} \otimes \partial_{x_i}$$

の繰り返しをもとにして定義される Moyal 積（Weyl 積ともいう）

$$f *_h g = m \circ \exp\left(\frac{h}{2}\tilde{\Pi}\right)(f \otimes g)$$

が変形量子化を与えている．右辺に厳密な意味を持たせる方法はいくつかあるが，例えば，f や g が多項式ならば

$$\exp\left(\frac{h}{2}\tilde{\Pi}\right)(f \otimes g) = \sum_{k=0}^{\infty} \frac{h^k}{2^k k!} \tilde{\Pi}^k(f \otimes g)$$

は有限和になり，$f *_h g$ も多項式になる．また，Moyal 積に関する代数系[5]はただ 1 種類の既約表現を持ち，無限次元の行列環の類似の代数系と見なすことができる．

一般の Poisson 多様体 (M, Π) の場合，各 symplectic 葉上で局所的には（Darboux 座標をとることで）Poisson 構造の制限が $\mathbb{R}^{2n}$ の標準 symplectic 構造によってモデル化できるため，変形量子化も局所的には Moyal 積と類似の構造を持つことが期待される．また，それぞれの関数は Hamilton ベクトル場が表す微分作用素に対応するので，変形された代数形の既約表現は symplectic 葉上での Moyal 積代数の表現に対応することも期待される．

しかし，実際に Euclid 空間上の任意の Poisson 構造についてどのように変形量子化を構成するか，また，それらが互いにどのように貼り合わさって M の構造を与えているかということは非自明な問題であり，一般の Poisson 多様体に対する変形量子化の存在は，h の値の範囲を無限小の幅に限った（つまり，h に関するべき級数展開のみを考えた）場合でも，Kontsevich によって 1997 年に初めて確立された [Kon03]．

この文脈における Drinfeld の洞察は，G が（半）単純コンパクト Lie 群ならば，量子普遍包絡環 $\mathcal{U}_q(\mathfrak{g})$ の双対 Hopf 環[6] $\mathcal{O}(G_q)$ によって G の標準的な Poisson–Lie 構造の変形量子化が得られるということである．ここでの記号 $\mathcal{O}(G_q)$

---

[5] この代数系は $\mathbb{R}^n$ の自分自身への推移作用に関するクロス積と見なすことができる．

[6] すべての汎関数をとると大きくなりすぎるので，正確には行列係数で表されるものだけを考える（6.3 節参照）．

は見かけ上 $\mathcal{O}(G)$ と同じ形をしているが，G_q という集合があるわけではないので，単に $\mathcal{U}_q(\mathfrak{g})$ の双対 Hopf 環を仮想的な空間 G_q の上の関数の体系と見なす，というだけの意味合いであることに注意しておこう．

もともと第 4 章で解説したように，準三角 Hopf 環 $(\mathcal{U}_q(\mathfrak{g}), R_q)$ や準三角準 Hopf 代数 $(\mathcal{U}(\mathfrak{g}), \Phi_{\mathrm{KZ}}, q^t)$ は，標準 Poisson–Lie 構造に対応する r 行列についての準三角 Lie 代数 $(\mathfrak{g}, r)$ の量子化として得られたのであった．$q = e^h$ という対応のもとでの量子化の条件 $2r = \lim \frac{1}{h}(R_q - 1)$ より，$f, g \in \mathcal{O}(G_q), T \in \mathcal{U}(\mathfrak{g})$ について

$$\left\langle \frac{1}{\sqrt{-1}\,h}(f *_h g - g *_h f), T \right\rangle = \frac{1}{\sqrt{-1}\,h} \left\langle f \otimes g, \hat{\Delta}_q(T) - \hat{\Delta}_q^{\mathrm{op}}(T) \right\rangle$$
$$= \frac{1}{\sqrt{-1}\,h} \left\langle f \otimes g, \hat{\Delta}_q(T) - R_q \hat{\Delta}_q(T) R_q^{-1} \right\rangle$$

を考えたときの $h \to 0$ に関する極限は $2\sqrt{-1}\,\langle (\pi_\lambda(r) - \pi_\rho(r))(f \otimes g), T\rangle$ であることがわかる．これはつまり $\frac{1}{\sqrt{-1}\,h}(f *_h g - g *_h f)$ が $-2\{f, g\}$ に収束するということである[7]．

1990 年代初めに，Soibelman らは $\mathcal{O}(G_q)$ や q が正の実数である場合の C^* 環（第 7 章参照）としての閉包 $C(G_q)$ の構造を詳しく調べている．彼らの理論における重要な出発点は，各正単純ルート α_i に対応する $\mathcal{U}_q(\mathfrak{g})$ の生成元 (E_i, F_i, K_i) たちが $\mathcal{U}_{q_i}(\mathfrak{sl}_2)$ に同型な部分 Hopf 環を生成し，双対性によって商写像 $\mathcal{O}(G_q) \to \mathcal{O}(\mathrm{SU}_{q_i}(2))$ を定めるということである．古典的な場合に対応するのは，α_i に関する $\mathfrak{sl}_2$-triple (E_i, F_i, H_i) が $\mathrm{SU}(2)$ に同型な G の部分群 K_i を生成するという事実である．各 i に関する商写像と $\mathcal{O}(G_q)$ の余積とを組み合わせると，G の元を K_i に属する元たちの積で表すということに対応した議論が可能になる．

このような考察に基づき，Soibelman [Soĭ90] は q が 1 と異なる正の実数の場合の $C(G_q)$ の既約表現の同型類が G の symplectic 葉に 1 対 1 対応することを示した．また，各既約表現は複素単位円盤 $\{z \in \mathbb{C} \mid |z| < 1\}$ の Toeplitz 量子化から得られ，既約表現の同型類の空間の hull-kernel 位相は，G の Weyl 群の Bruhat 順序から導かれる位相と，極大トーラスの通常の位相の積になっているこ

---

[7] h が実数のとき，C^* 環の構造との関係から $*_h$ に関する交換子 $[f, g]_{*_h}$ を純虚数 $\sqrt{-1}\,h$ で割るべき理由が以下のようにして説明できる．f, g が実関数ならば，Poisson bracket $\{f, g\}$ も実関数になるべきである．一方，C^* 環における等式 $[f, g]_{*_h}^* = -[f^*, g^*]_{*_h}$ から実関数に対応する自己共役元の交換子は反自己共役になるため，f や g が自己共役元として表されるならば交換子を $\sqrt{-1}\,h$ で割ったものが自己共役になる．

ともわかる．

これらの既約表現の核を考えることで $\mathcal{O}(G_q)$ のイデアルの組成列と，部分商に関する大まかな情報が得られるが，C^* 環としての閉包をとったときには部分商をコンパクト作用素のなす C^* 環を用いて正確に記述することができる．ここで q を実変数と見なせば C^* 環の連続な族が得られることになり，K 群などのコホモロジー的不変量が q の値によらないことも計算できる [Nag98]．また，標準的な場合以外の G の Poisson–Lie 構造についても類似の現象が起きている [LS91]．

このようにして Hopf 環 $\mathcal{O}(G_q)$ が G の標準的 Poisson–Lie 構造に関する変形量子化を表していることが理解されたが，同様にして，G のルート系の情報から定まるような部分群（Poisson–Lie 部分群）K による商をとって得られる等質空間 G/K の変形量子化も，$\mathcal{O}(G_q)$ の余イデアル（6.3 節参照）部分環 $\mathcal{O}(G_q/K_q)$ によって与えることができる．正単純ルートの部分集合や極大トーラスの部分群が与えられれば $\mathcal{U}_q(\mathfrak{g})$ の部分 Hopf 環が定義でき，対応する不変部分環 $\mathcal{O}(G_q/K_q)$ は G/K 上の正則関数がなす代数系の連続な変形と見なすことができるからである．これらの C^* 閉包についても K 理論の不変性などが成り立つ [NT12]．

5.4 Operad と変形量子化

前節では量子群の関数環が Poisson–Lie 構造の変形量子化を与えていることを解説したが，実は一般の Poisson 構造の変形量子化の問題も，operad[8] と formality の理論に基づき，Kontsevich の方法とは別にある種の巨大な Lie bialgebra の量子化の問題に帰着して解くことができるということが，Tsygan, Tamarkin によって見出された [Tam98, Hin03]．

変形量子化とは結合法則を満たす積の変形の問題だ，と言い換えることができるが，このような問題は Hochschild コホモロジーの言葉を用いて以下のように定式化することができる．A を $\mathbb{C}$ 代数としたとき，A 自身を係数とする Hochschild cochain 複体 $C^*(A; A)$ が

$$C^n(A; A) = \mathrm{Hom}_{\mathbb{C}}(A^{\otimes n}, A), \quad \delta \colon C^n(A; A) \to C^{n+1}(A; A),$$

---

[8] Operad については A.6 節を参照のこと．

$$(\delta\phi)(a_1,\ldots,a_{n+1}) = \phi(a_1,\ldots,a_n)a_{n+1}$$
$$+ \sum_{i=n}^{1} (-1)^{n+1-i}\phi(a_1,\ldots,a_i a_{i+1},\ldots,a_{n+1})$$
$$+ (-1)^{n+1} a_1 \phi(a_2,\ldots,a_{n+1})$$

として定まる．A の積写像 $m\colon A \times A \to A$ は $C^2(A;A)$ の元として cocycle になっており，$\alpha\colon A \times A \to A$ について

$$m_\alpha\colon (a,b) \mapsto m(a,b) + \alpha(a,b)$$

が再び結合法則を満たすということと，

$$(\alpha \circ \alpha)(a,b,c) = \alpha(\alpha(a,b),c) - \alpha(a,\alpha(b,c))$$

について $\delta(\alpha) + \alpha \circ \alpha$ が 0 になるということは同じである．この $\alpha \circ \alpha$ は，より一般的な cocycle $\phi \in C^m(A;A)$ と $\psi \in C^n(A,A)$ について

$$(\phi \circ \psi)(a_1,\ldots,a_{m+n-1}) = \phi(\psi(a_1,\ldots,a_n),a_{n+1},\ldots,a_{n+m-1})$$
$$+ \sum_{i=1}^{m-1} (-1)^{(n-1)i}\phi(a_1,\ldots,a_i,\psi(a_{i+1},\ldots,a_{i+n}),a_{i+n+1},\ldots,a_{m+n-1})$$

とすることで拡張でき，$C^*(A;A)$ の次数をずらしたものが対応する「交換子積」

$$[\phi,\psi] = \phi \circ \psi - (-1)^{(m-1)(n-1)} \psi \circ \phi$$

によって次数付き Lie 環になっている[9]．この構造のもとで，上記の α に関する条件は，Maurer–Cartan 条件

$$\delta(\alpha) + \frac{1}{2}[\alpha,\alpha] = 0$$

として表されることになる．

A が滑らかな多様体の関数環 $C^\infty(M)$ の場合には，$C^*(A;A)$ の定義を適切に修正することで，コホモロジー群をとったものである $H^*(A;A) = H(C^*(A;A))$ が polyvector field の空間 $\Gamma(\wedge^* TM)$ と同型になる．また，$H^*(A;A)$ の次数付き Lie 環の構造は polyvector field の Schouten–Nijenhuis bracket に対応している．したがって M 上の Poisson テンソル Π は $H^*(A;A)$ の（0 微分に関

---

[9] Hochschild 微分は $\delta(\phi) = [m,\phi]$ を満たしており，$\delta^2 = 0$ は $m \circ m = 0$ から形式的に従う．

する）Maurer–Cartan 元を表すことになり，Π に対する変形量子化問題とは $hC^*(A[[h]]; A[[h]])$ の Maurer–Cartan 元 α で h に関する 1 次の項のコホモロジー類が Π を表すようなものを探す問題だ，と言い換えることができた．

ASS, COM, LIE をそれぞれ結合的代数・可換環・Lie 環の構造に関する operad とする．これらの operad の複体への作用がここでの基本的な考察対象である．まず，Gerstenhaber 代数の operad $\mathscr{G}$ は $\mathbb{F}_{\mathscr{G}}(X) = \mathbb{F}_{\text{COM}}(\mathbb{F}_{\text{LIE}\{1\}}(X))$ によって特徴付けられているため，Koszul 条件を満たしている [LV12]．したがってホモトピー Gerstenhaber 代数の operad $\mathscr{G}_\infty$ と，これらを比較する operad の準同型 $\mathscr{G}_\infty \to \mathscr{G}$ がある．

ここで，新たな operad $\tilde{\mathscr{B}}$ を，複体 X への $\tilde{\mathscr{B}}$ の作用は cofree Lie coalgebra $\mathbb{F}^*_{\text{LIE}}(X[1])$ の上の dg Lie bialgebra の構造に対応するものとして定める．$\mathbb{F}^*_{\text{LIE}}(X[1])$ の cofreeness により，これは「微分」$\mathbb{F}^{*n}_{\text{LIE}}(X[1]) \to X[2]$ と "Lie bracket" $\mathbb{F}^{*m}_{\text{LIE}}(X[1]) \otimes \mathbb{F}^{*n}_{\text{LIE}}(X[1]) \to X[1]$ の組で一定の関係を満たすものによって与えられている．

Gerstenhaber 代数の構造からは可換環の Harrison 複体[10]の構造をもとにして $\tilde{\mathscr{B}}$ 代数の構造が自然に定められるので，operad の準同型 $\tilde{\mathscr{B}} \to \mathscr{G}$ が得られる．他方，X 上の $\tilde{\mathscr{B}}$ 代数の構造からは $\mathbb{F}^*_{\text{COM}}(\mathbb{F}^*_{\text{LIE}}(X[1])[1])$ 上に複体の構造が定まるが，これはホモトピー Gerstenhaber 代数の構造そのものである．このようにして $\mathscr{G}_\infty \to \mathscr{G}$ の分解 $\mathscr{G}_\infty \to \tilde{\mathscr{B}} \to \mathscr{G}$ が得られる．

さらに，もう一つの operad $\mathscr{B}_\infty$ を，$\mathscr{B}_\infty$ の X への作用は coalgebra $\mathbb{F}^*_{\text{ASS}}(X[1])$ 上の dg bialgebra の構造に対応するものとする．$\tilde{\mathscr{B}}$ の場合と同様に $\mathbb{F}^*_{\text{ASS}}(X[1])$ の cofreeness により，これは「微分」$X[1]^{\otimes n} \to X[2]$ と「積」$X[1]^{\otimes p} \otimes X[1]^{\otimes q} \to X[1]$ の組で一定の関係を満たすものによって特徴付けられる．

$\tilde{\mathscr{B}}$ と $\mathscr{B}_\infty$ の定める構造を比較する問題は Lie bialgebra の量子化問題と解釈することができ，4.2 節で解説した圏論的な Etingof–Kazhdan の結果を適用することで $\tilde{\mathscr{B}}$（余）作用は $\mathscr{B}_\infty$（余）作用と本質的に同じ[11]であることがわかる．

一般に（結合的な積に関する）$\mathbb{C}$ 代数 A について，$H^*(A; A)$ は cup 積や brace

---

[10]（次数ずらしを別にすれば）次数付き可換環 A に対して A が生成する自由 Lie coalgebra 上に A の環構造から誘導される coderivation を合わせて考えたもの．A に対応するホモトピー可換環の構造を考えるということと同じ．

[11] これらの operad の作用を比較する式の選び方には Grothendieck–Teichmüller 群の作用だけの曖昧さがある．

作用をもとにした Gerstenhaber 代数の構造を持つことが知られていた [Ger63]. 一方, $\mathcal{B}_\infty$ は $C^*(A;A)$ への作用を持つので, 上の $\tilde{\mathcal{B}}$ との比較および operad の準同型 $\mathcal{G}_\infty \to \tilde{\mathcal{B}}$ を通じて $C^*(A;A)$ にホモトピー Gerstenhaber 代数の構造が誘導され, これは $H^*(A;A)$ 上の Gerstenhaber 代数の構造と整合的になっていることがわかる (small disk operad に関する Deligne 予想の類似).

このホモトピー Gerstenhaber 代数の構造をもとにすると, A が滑らかな多様体の関数環 $C^\infty(M)$ の場合には, Hochschild 複体 $C^*(A;A)$ 上のホモトピー Gerstenhaber 代数の構造が, そのコホモロジー群 $H^*(A;A)$ 上の自然な Gerstenhaber 代数の構造とホモトピー Gerstenhaber 代数の圏の中で quasi-isomorphic であるという formality 定理を示すことができる [Tam98, DTT07]. この定理と Goldman–Millson の定理を組み合わせることにより, $H^*(A;A)$ の Maurer–Cartan 元の集合と $C^*(A;A)$ の Maurer–Cartan 元の集合の間には自然な対応が成り立つ. また, さらに形式的な変数 h を付け加えて形式的双ベクトル場 $h\Pi$ に対して同じような議論を行うことで, Π に対応する Poisson bracket の変形量子化が得られる.

5.5 ノート

古典的 Yang–Baxter 方程式と Poisson–Lie 構造の関係は [Dri83] において指摘された. それに基づく量子群の関数環の表現は [Soĭ90, LS91, KS98] で調べられている. また, より一般の Poisson 多様体の理論との比較は [Wei83, LW90] などによって発展した. Poisson–Lie 部分群による等質空間の場合には [NT12] が詳しい. Poisson 多様体としての構造から導かれるコンパクト単純 Lie 群 G の Poisson ホモロジーと, 量子関数環の Hochschild ホモロジーや cyclic ホモロジーとの関係については [FT91] を参照せよ.

一般的な変形量子化の問題の数学的な側面の研究は Lichnerowicz, Flato, Sterheimer らによって始められ, [Bay+78] で現在のような枠組みが確立した. また, Sternheimer による論説 [Ste98] も歴史的な経緯や物理学との間の関係について詳しい.

Operad の代数的な一般論については [LV12] にまとめられている. Etingof–Kazhdan 理論の変形量子化への応用については [Tsy99, TT00, Hin03] を参照せよ. Formality 理論については Willwacher による一連の組合せ論化 (グラフ複

体）の研究も興味深い．

参考文献

[Bay+78] F. Bayen et al.. "Deformation theory and quantization. I. Deformations of symplectic structures, II. Physical applications". *Ann. Physics* **111** (1) (1978), pp. 61–110, 111–151.

[Dri83] V. G. Drinfel′d. "Hamiltonian structures on Lie groups, Lie bialgebras and the geometric meaning of classical Yang-Baxter equations". *Dokl. Akad. Nauk SSSR* **268** (2) (1983), pp. 285–287.

[DTT07] V. Dolgushev, D. Tamarkin, B. Tsygan. "The homotopy Gerstenhaber algebra of Hochschild cochains of a regular algebra is formal". *J. Noncommut. Geom.* **1** (1) (2007), pp. 1–25.

[FT91] P. Feng, B. Tsygan. "Hochschild and cyclic homology of quantum groups". *Comm. Math. Phys.* **140** (3) (1991), pp. 481–521.

[Ger63] M. Gerstenhaber. "The cohomology structure of an associative ring". *Ann. of Math. (2)* **78** (1963), pp. 267–288.

[Hin03] V. Hinich. "Tamarkin's proof of Kontsevich formality theorem". *Forum Math.* **15** (4) (2003), pp. 591–614.

[Kon03] M. Kontsevich. "Deformation quantization of Poisson manifolds". *Lett. Math. Phys.* **66** (3) (2003), pp. 157–216.

[KS98] L. I. Korogodski, Y. S. Soibelman. *Algebras of functions on quantum groups. Part I*. Mathematical Surveys and Monographs 56. Providence, RI: American Mathematical Society, 1998.

[LS91] S. Levendorskiĭ, Y. Soibelman. "Algebras of functions on compact quantum groups, Schubert cells and quantum tori". *Comm. Math. Phys.* **139** (1) (1991), pp. 141–170.

[Lu99] J.-H. Lu. "Coordinates on Schubert cells, Kostant's harmonic forms, and the Bruhat Poisson structure on G/B". *Transform. Groups* **4** (4) (1999), pp. 355–374.

[LV12] J.-L. Loday, B. Vallette. *Algebraic operads*. Grundlehren der Mathematischen Wissenschaften 346. Springer, Heidelberg, 2012.

[LW90] J.-H. Lu, A. Weinstein. "Poisson Lie groups, dressing transformations, and Bruhat decompositions". *J. Differential Geom.* **31** (2) (1990), pp. 501–526.

[Nag98] G. Nagy. "Deformation quantization and K-theory". In: *Perspectives on quantization (South Hadley, MA, 1996)*. Providence, RI: Amer. Math. Soc., 1998, pp. 111–134.

[NT12] S. Neshveyev, L. Tuset. "Quantized algebras of functions on homogeneous spaces with Poisson stabilizers". *Comm. Math. Phys.* **312** (1) (2012), pp. 223–250.

[Soĭ90] Y. S. Soĭbel'man. "Algebra of functions on a compact quantum group and its representations". *Algebra i Analiz* **2** (1) (1990), pp. 190–212.

[Ste98] D. Sternheimer. "Deformation quantization: twenty years after". In: *Particles, fields, and gravitation (Łódź, 1998)*. Woodbury, NY: Amer. Inst. Phys., 1998, pp. 107–145.

[Tam98] D. E. Tamarkin. *Another proof of M. Kontsevich formality theorem*. preprint. 1998.

[Tsy99] B. Tsygan. "Formality conjectures for chains". In: *Differential topology, in nite-dimensional Lie algebras, and applications*. Providence, RI: Amer. Math. Soc., 1999, pp. 261–274.

[TT00] D. Tamarkin, B. Tsygan. "Noncommutative differential calcu- lus, homotopy BV algebras and formality conjectures". *Methods Funct. Anal. Topology* **6** (2) (2000), pp. 85–100.

[Wei83] A. Weinstein. "The local structure of Poisson manifolds". *J. Dif- ferential Geom.* **18** (3) (1983), pp. 523–557.

第 6 章
代数的な理論

本章では量子群の線形表現や「非可換空間」への作用など，Hopf 環としての構造をもとに定式化されるいくつかの代数的な方法論について解説する．

6.1 表現論

Kac–Moody 環[1] $\mathfrak{g}$ に対する量子普遍包絡環 $\mathcal{U}_q(\mathfrak{g})$ には，正の単純ルートで添字付けられた互いに交換する元 $(K_i)_{i\in\Pi}$ が含まれていた．$\mathfrak{g}$ が有限次元の場合には，これらによって $\mathfrak{g}$ に対応する Lie 群 G の極大トーラスのコピーが $\mathcal{U}_q(\mathfrak{g})$ の適切な完備化の中で生成されていると見なせる．古典的な表現論において G や $\mathfrak{g}$ の線形表現の構造を分類する際には，このトーラスの作用に関する固有空間分解が重要な役割を果たす．そこで，$\mathcal{U}_q(\mathfrak{g})$ 上の加群のうちで特に，K_i たちに関する同様の固有空間分解が成立するものを考えると，q が 1 のべき根でなければ $\mathfrak{g}$ の表現の理論との間に非常に良い類似が成り立つことが知られている．q が 1 のべき根の場合については 8.4 節で簡単に触れることにして，ここでは 1 のべき根でない場合を考えることにする．

$\mathfrak{h} = \bigoplus_i \mathbb{C} h_i$ を $\mathfrak{g}$ の Cartan 部分環とし，その weight lattice を P と書くことにする．$\mathcal{U}_q(\mathfrak{g})$ 上の加群 V と $\lambda \in \mathfrak{h}^*$ について，V の λ 固有空間 V_λ とは $K_i v = q_i^{\lambda(h_i)} v$ $(q_i = q^{\frac{(\alpha_i, \alpha_i)}{2}})$ がすべての i について成り立つようなものである．$\mathcal{U}_q(\mathfrak{g})$ 上の加群のうちで固有空間分解 $V = \bigoplus_\lambda V_\lambda$ を持つものを weight 加群と呼び，この分解に現れる λ を集めた集合を $\mathrm{wt}(V)$ と書くことにする．このような weight 加群のうちで，

1. 各 λ について V_λ は有限次元

---

[1] Kac–Moody 環については A.4.2 項を参照のこと．

2. 有限個の weight $\lambda_1, \ldots, \lambda_n$ で, $\mu \in \mathrm{wt}(V)$ ならばどれかの λ_j について $\mu \leq \lambda_j$ となるものがある

という二つの条件を満たすものを集めて得られる圏を category $\mathcal{O}^q$ と呼ぶ. さらに,

3. どんな $v \in V$, $\alpha_i \in \Pi$ についても $E_i^N v = 0, F_i^N v = 0$ となる自然数 N が存在する

という条件を追加したものを integrable な加群, さらに $\mathrm{wt}(V) \subset P$ を満たすものを admissible な加群と呼ぶ. また, $\mathfrak{g}$ の表現についても同様の条件が考えられ, 対応する概念をそれぞれ category $\mathcal{O}$, integrable/admissible な表現と呼ぶ. 上記のような制約をつけずに $\mathcal{U}_q(\mathfrak{g})$ 上の加群をすべて考えることにすると, 例えば $\mathcal{U}_q(\mathfrak{sl}_2)$ なら

$$\pi_-(E) = 0 = \pi_-(F), \quad \pi_-(K) = -1$$

という式によって定まる 1 次元の既約表現が現れてしまう. このようなものは古典的な類似を持たないので, 普通は排除して[2]考えるということである.

$\mathcal{U}_q(\mathfrak{g})$ の表現の分類において基本となるのは最高 weight 加群と呼ばれる概念である. これは (category $\mathcal{O}^q$ に属する) $\mathcal{U}_q(\mathfrak{g})$ 上の加群 V で, ある weight λ について $\dim V_\lambda = 1$, どんな i についても $E_i V_\lambda = 0$, $V = \mathcal{U}_q(\mathfrak{g}) V_\lambda$ という条件を満たすものである. E_i たち, および $K_i - q_i^{\lambda(h_i)}$ たちによって生成される $\mathcal{U}_q(\mathfrak{g})$ の左イデアルを $J(\lambda)$ と書いたとき, Verma 加群 $M(\lambda) = \mathcal{U}_q(\mathfrak{g})/J(\lambda)$ は最高 weight 加群になっている (1 の像 ξ_λ が $M(\lambda)_\lambda$ を生成し, これが上の条件を満たしている). $M(\lambda)$ は一意な既約商加群 $V(\lambda)$ を持ち, $\mathcal{U}_q(\mathfrak{g})$ の integrable な既約加群は非負の整 weight $\lambda \in P_+$ に関する $V(\lambda)$ (これらは admissible でもある) で尽くされていることが知られている. また, $\mathfrak{g}$ の表現についてもやはり同様のことが成り立っている.

例 6.1 ($\mathfrak{sl}_2$ の weight 加群) $\mathfrak{g} = \mathfrak{sl}_2$ の場合には weight λ と, λ が H に対してとる値 $\lambda(H) \in \mathbb{C}$ を同一視することができる. この同一視のもとでさらに, λ が整数であることと weight lattice に属するとは同じになる. つまり, $\mathcal{U}_q(\mathfrak{sl}_2)$ の weight 加群は

---

[2] 一方, 新たに現れる表現はこのように K_i の部分で符号を付加したものしかないため, 著者によってはこのようなものも integrable 加群として含めている.

$$V = \bigoplus_\lambda V_\lambda \quad (\xi \in V_\lambda \Leftrightarrow K\xi = q^\lambda \xi)$$

という固有空間分解を持つもののことであり，admissible な加群ならば現れる λ の可能性は整数に限られるということである．

例えば Verma 加群 $M(\lambda)$ の固有空間分解は

$$M(\lambda) = \bigoplus_{k=0}^{\infty} M(\lambda)_{\lambda-2k} \quad (M(\lambda)_{\lambda-2k} = \mathbb{C}F^k \xi_\lambda)$$

という形をしており，$M(\mu)$ から $M(\lambda)$ への非自明な準同型写像があるのは λ が非負整数かつ $\mu = -\lambda - 2$ という形をしている場合に限られることがわかる．この場合の $V(\lambda)$ は次元が $\lambda + 1$ の有限次元既約表現である．また，λ がこの条件を満たされなければ $M(\lambda)$ 自身がすでに既約になっている．

6.2 結晶基底

古典型の複素単純 Lie 環 $\mathfrak{sl}_n$, $\mathfrak{so}_n$, $\mathfrak{sp}_n$ については，有限次元表現にどのような種類があるか（P_+ をどのように記述するか）という問題だけでなく，二つの既約表現のテンソル積がどのように分解するか（分岐則）という問題に対する組合せ論的な説明がよく知られている．一般の Kac–Moody 環に対して表現の分岐則の組合せ論的な記述を与えるための強力な指針を与えるのが，柏原 [Kas90, Kas91] によって導入された結晶基底 (crystal basis) の概念である．また同時期に Lusztig [Lus90, Lus91] も，えびら (quiver) の Hall 代数の構造との関連をもとにして，標準基底 (canonical basis) という名前で本質的に同じ概念を導入していた．

結晶基底を定式化する際には q を変数として取り扱う必要がある．つまり，$\mathcal{U}_q(\mathfrak{g})$ やその加群はすべて q に関する有理関数のなす体 $\mathbb{C}(q)$ や $\mathbb{Q}(q)$ 上の[3]ベクトル空間として取り扱われる．その上で「$q \to 0$」という非古典的な極限を考えたときに残る組合せ論的な構造を表すのが結晶基底である．

$\mathcal{U}_q(\mathfrak{g})$ の integrable な加群 V に対し，$\ker E_i$ に F_i のべき乗がどのように作用

---

[3] もちろん，q が超越数ならば $\mathbb{Q}(q)$ の代数的な構造は q を変数と見なしたものと同じである．また，q を変数と見なしたときの $\mathbb{C}(q)$ は，代数的には $\mathbb{C}$ の部分体と同型であることに注意しておこう．

するか,という情報をもとにして,E_i, F_i の組合せ論的な近似である柏原作用素 $\tilde{e}_i, \tilde{f}_i$ という作用素が定義できる.具体的な定義は,ベクトル $v \in V_\lambda$ と $\alpha_i \in \Pi$ に対し,本質的に一意な表示

$$v = v_0 + f_i v_1 + \cdots f_i^{(N)} v_N \quad \left(v_k \in V_{\lambda + k\alpha_i} \cap \ker E_i, \; f_i^{(k)} = \frac{(F_i K_i)^k}{[k]_q!} \right)$$

をもとにして,

$$\tilde{e}_i u = \sum_{k=1}^N f_i^{(k-1)} u_k, \quad \tilde{f}_i u = \sum_{k=0}^N f_i^{(k+1)} u_k$$

という式によって与えられる.

ここで,$\mathbb{C}(q)$ の中で $q = 0$ での値が意味を持つ関数のなす部分環 $A_0 = \{f(q)/g(q) \mid f, g \text{ は多項式},\, g(0) \neq 0\}$ を考えたとき,V の A_0 部分加群 L で,

1. $\mathbb{C}(q)L = V$
2. 固有空間分解との整合性 $L = \bigoplus_{\lambda \in \mathrm{wt}(V)} L_\lambda$,ただし $L_\lambda = (V_\lambda \cap L)$
3. 柏原作用素に関する不変性 $\tilde{e}_i L, \tilde{f}_i L \subset L$

を満たすものを結晶格子と呼ぶ.さらにこのような結晶格子について,固有空間分解ごとに L_λ / qL_λ の $\mathbb{C}$ 上の基底 B_λ たちを集めたもの $B = \bigcup_{\lambda \in \mathrm{wt}(V)} B_\lambda$ で,柏原作用素が誘導する変換によって保たれている(0 になることは許す)ものを結晶基底と呼ぶ.Integrable な加群については結晶基底が必ず存在し,本質的に一意であることが知られている.

結晶基底の構造は,B の元を頂点とし,それらが $\tilde{f}_i$ によってどのように移り合うかに応じて,添字と向きの付いた辺によってつないだグラフ(結晶グラフ)によって表すことができる.

例 6.2 ($\mathfrak{sl}_2$ の結晶グラフ) $\mathfrak{sl}_2$ は root を一つしか持たないため,結晶グラフの辺に添字を付ける必要はない.スピン $n \in \frac{1}{2}\mathbb{N}$ に対応する $2n+1$ 次元の既約表現 $V(2n)$ の結晶グラフは,$2n+1$ 個の頂点を持つ直線状のグラフ

$$\circ \longrightarrow \circ \longrightarrow \cdots \longrightarrow \circ$$

となる.

例 6.3 ($\mathfrak{sl}_3$ の結晶グラフ) $\mathfrak{sl}_3$ は二つの root を持つため,結晶グラフの辺は数字

1 か 2 で添字付けられることになる．例えば，定義表現の結晶グラフは

$$\circ \xrightarrow{1} \circ \xrightarrow{2} \circ$$

である．

例 6.4 ($\widetilde{\mathfrak{sl}}_2$ の結晶グラフ) ループ環 $L\mathfrak{sl}_2 = \mathfrak{sl}_2[z, z^{-1}]$ から拡大を繰り返して得られるアフィン Kac–Moody 環 $\widetilde{\mathfrak{sl}}_2$ を考えよう．Weight 格子の基底を h_1, h_2, d としたとき，$\mathcal{U}_q(\widetilde{\mathfrak{sl}}_2)$ の生成元が $E_i, F_i, K_i^{\pm 1} = q^{\pm h_i}$ $(i = 0, 1)$ および $K_2^{\pm 1} = q^{\pm d}$ で与えられているのだった．$\widehat{\mathfrak{sl}}_2$ に対応する，$E_i, F_i, K_i^{\pm 1}$ $(i = 0, 1)$ で生成される部分環 $\mathcal{U}_q(\widehat{\mathfrak{sl}}_2)$ を考えると，$\mathcal{U}_q(\widehat{\mathfrak{sl}}_2)$ 上の（有限次元）加群 V に対して affinization と呼ばれる操作を行うことで $V[z, z^{-1}]$ 上に $\mathcal{U}_q(\widetilde{\mathfrak{sl}}_2)$ 加群の構造を定めることができる[4]．$\mathbb{C}^2 = \langle v_+, v_- \rangle$ 上

$$E_0 v_+ = v_-, \quad F_0 v_- = v_+, \quad K_0 v_+ = q^{-1} v_+, \quad K_0 v_- = q v_-,$$
$$E_1 v_- = v_+, \quad F_1 v_+ = v_-, \quad K_1 v_+ = q v_+, \quad K_1 v_- = q^{-1} v_-$$

（残りの作用は 0）によって定まる $\mathcal{U}_q(\widehat{\mathfrak{sl}}_2)$ 加群の affinization の結晶グラフは m_+, m_- $(m \in \mathbb{Z})$ という頂点を持ち，

$$\cdots \xrightarrow{0} m_+ \xrightarrow{1} m_- \xrightarrow{0} (m-1)_+ \xrightarrow{1} (m-1)_- \xrightarrow{0} \cdots$$

という形をした無限グラフになっている．

Integrable な加群同士のテンソル積は再び integrable になるため，対応する結晶基底がどのように記述されるか，という問題を考えることができる．$\mathcal{U}_q(\mathfrak{g})$ の integrable な加群，結晶格子，結晶基底の組 $(V^1, L^1, B^1), (V^2, L^2, B^2)$ が与えられたとしよう．このとき，テンソル積加群 $V^1 \otimes_{\mathbb{C}(q)} V^2$ の結晶格子として $L^1 \otimes_{A_0} L^2$ を，結晶基底として $B = \{b_1 \otimes b_2 \mid b_i \in B^i\}$ をとることができる．B 上での柏原作用素の作用は

---

[4] E_1, F_1, K_1, K_2 は $\mathbb{C}[z, z^{-1}]$ 線形に作用し，他の生成元は $E_0 = z E_0|_V, F_0 = z^{-1} F_0|_V, d = z \partial_z$ として作用する．

$$\tilde{e}_i(b_1 \otimes b_2) = \begin{cases} (\tilde{e}_i b_1) \otimes b_2 & (\phi_i(b_1) \geq \epsilon_i(b_2)) \\ b_1 \otimes \tilde{e}_i b_2 & (\phi_i(b_1) < \epsilon_i(b_2)) \end{cases}$$

$$\tilde{f}_i(b_1 \otimes b_2) = \begin{cases} (\tilde{f}_i b_1) \otimes b_2 & (\phi_i(b_1) > \epsilon_i(b_2)) \\ b_1 \otimes \tilde{f}_i b_2 & (\phi_i(b_1) \leq \epsilon_i(b_2)) \end{cases}$$

によって与えられている．ここで，ϕ_i, ϵ_i は，

$$\epsilon_i(b) = \max\{k \mid \tilde{e}_i^k b \neq 0\}, \quad \phi_i(b) = \max\{k \mid \tilde{f}_i^k b \neq 0\}$$

によって定まる関数である．

例 6.5 ($\mathfrak{sl}_2$ の表現の分岐則) 例 6.2 で紹介した $\mathfrak{sl}_2$ の $2n+1$ 次元表現の結晶グラフをもとに，2 次元表現とのテンソル積がどのように分解するかを説明してみよう．グラフ上を辺の向きに沿ってたどるとき，ϕ の値は $2n$ から 0 まで減少し，逆に ϵ の値は 0 から $2n$ まで増大することになる．例えば $n=1$ のとき，得られるグラフは $B \simeq B^1 \times B^2$ を頂点とした

になっており，これは $V(2) \otimes V(1) \simeq V(3) \oplus V(1)$ という既約分解に対応している．

最後に，より普遍的な対象である大域結晶基底（単に大域基底ともいう）について紹介することにしよう．$\mathcal{U}_q(\mathfrak{g})$ の部分環で F_i たちのみによって生成されるもの $\mathcal{U}_q^- = \mathcal{U}_q(\mathfrak{n}_-)$ を考えると，1 を最高 weight ベクトルに送ることによって $\mathcal{U}_q^-$ 加群の全射準同型 $\mathcal{U}_q^- \to V(\lambda)$ が考えられ，$V(\lambda)$ の結晶格子・結晶基底を $\mathcal{U}_q^-$ に持ち上げることができる．さらに，$\mathcal{U}_q(\mathfrak{g})$ の $\mathbb{C}$ 上の自己同型 $T \mapsto \bar{T}$ で

$$\bar{q} = q^{-1}, \quad \bar{K}_i = K_i^{-1}, \quad \bar{E}_i = E_i, \quad \bar{F}_i = F_i$$

によって特徴付けられるものを考えることによって，結晶基底 B を結晶格子 L の基底へと（$L \cap \bar{L}$ 内に）一意的な方法で持ち上げることができる．こうして得られる基底が大域結晶基底である．

6.3　関数環とその余作用

G を連結かつ単連結な半単純コンパクト Lie 群としよう．$\mathfrak{g}$ が Lie 群 G に付随する Lie 環のとき $\mathcal{U}(\mathfrak{g})$ 加群が G の表現に対応していたということの類似から，$\mathcal{U}_q(\mathfrak{g})$ は「量子群 G_q の上の関数」のたたみ込み積に関する代数系を表していると見なすことができる．双対の言葉で表せば，G の表現は「各点ごとの値の積」に関する代数系である $\mathcal{O}(G_q)$ の余作用によって表すこともできる．

この $\mathcal{O}(G_q)$ とは，$\mathcal{U}_q(\mathfrak{g})$ の integrable な有限次元表現の「行列係数」がなす代数系であり，より形式的には 1.3 節における Peter–Weyl 公式 (1.1) の類似によって，$\mathcal{U}_q(\mathfrak{g})$ の integrable な有限次元既約表現 V_π に関する行列係数 $V_\pi^* \otimes V_\pi$ の直和をとった

$$\mathcal{O}(G_q) = \bigoplus_{\pi:\,\mathrm{Irr}\,G_q} V_\pi^* \otimes V_\pi$$

として与えられる．Hopf 環の構造は，$\xi \otimes v \in V_\pi^* \otimes V_\pi$ を $\mathcal{U}_q(\mathfrak{g})$ 上の汎関数

$$\omega_{\xi,v}\colon T \to \xi(\pi(T)v)$$

と対応させ，$\mathcal{O}(G_q)$ を $\mathcal{U}_q(\mathfrak{g})$ の線形双対の部分空間と見なすことによって与えられている．例えば，余積 Δ の $V_\pi^* \otimes V_\pi$ への制限は V_π の基底 $(x_i)_i$ と V_π^* における双対基底 $(x^i)_i$ を用いて

$$V_\pi^* \otimes V_\pi \to V_\pi^* \otimes V_\pi \otimes V_\pi^* \otimes V_\pi, \quad \xi \otimes v \mapsto \sum_i \xi \otimes x_i \otimes x^i \otimes v$$

と表すことができる．

G が単連結でない場合には，$\mathcal{U}_q(\mathfrak{g})$ の integrable 有限次元表現の中で G の表現に対応するものに限って行列係数をとったものが $\mathcal{O}(G_q)$ のモデルである．また，$\mathrm{U}(n)$ のような簡約型の群の場合にも，トーラスの表現を付け加えたテンソル圏の部分圏を考えることによって $\mathcal{O}(G_q)$ を同様に定義することができる．例えば，テンソル圏のレベルでの「テンソル積」(Deligne 積) $\mathrm{Rep}\,\mathrm{SU}_q(n) \boxtimes \mathrm{Rep}\,\mathrm{U}(1)$ の中の対象で，n 次巡回群を $\mathrm{SU}_q(n)$ の「中心」と $\mathrm{U}(1)$ の部分群として対角に作用させたとき，$\mathrm{Rep}\,\mathrm{SU}_q(n)$ 側と $\mathrm{Rep}\,\mathrm{U}(1)$ の両方の成分で同じ表現が得られるものを集めて得られるのが q 変形ユニタリ群 $\mathrm{U}_q(n)$ の表現圏である．

また，本節と次節で解説する事柄は $\mathcal{O}(G_q)$ に限らない一般の Hopf 環に対する理論として発展してきている．以下では G と書いたときには，Hopf 環 H のこ

とを仮想的に「G 上の関数」のなす環と見なすための形式的な記号とする．また，Hopf 環とは限らない環 A が与えられたときも，形式的に A を「非可換空間 X 上の関数」のなす環と見なすという考え方ができる．

このようにして，普通の意味での群の普通の意味での集合への作用に関する構成や諸概念を Hopf 環と関連する代数的な構成の言葉で定式化し，純粋に Hopf 環の構造を用いたり，古典的な場合との比較をしたりしながら数学的な性質を調べるということが可能になる．例えば，H の余積 $\Delta\colon H \to H \otimes H$ は群の積 $G \times G \to G$ による関数の引き戻しとして解釈するべきものである．このとき「群 G の空間 X への作用」を表すのが，準同型 $\alpha\colon A \to H \otimes A$ で
$$(\Delta \otimes \iota)\alpha = (\iota \otimes \alpha)\alpha, \quad (\epsilon \otimes \iota)\alpha = \iota$$
という性質を満たすようなものであり，α のことを Hopf 環 H の余作用，または量子群 G の作用と呼ぶ．

もちろん，量子群 G_q を考えている場合，本質的には $\mathcal{U}_q(\mathfrak{g})$ の作用と $\mathcal{O}(G_q)$ の余作用は同じ概念を表しているが，「G_q の等質空間」や，より一般の「G_q が作用する非可換空間」といった概念を取り扱う際には $\mathcal{O}(G_q)$ の余作用の言葉で諸概念を表したほうが便利である．

Hopf 環の余作用のうちで最も基本的な例は，H の部分環のうちで
$$\Delta(A) \subset H \otimes A$$
を満たすようなもの（H の左余イデアル）であり，Δ の制限が余作用を定めている．G が普通の意味での位相群ならば，これは G の閉部分群に対応する概念である．具体的には，K が G の部分群のとき剰余類の集合（等質空間）G/K 上の関数は，G の上の関数のうちで K による右からの群演算が導く作用について不変なものと同一視できる．このとき，Δ の制限は G/K への左からの G の積作用に対応している．閉部分群の概念を Hopf 環の枠組みで定式化すると，群 G から部分群 K への関数の制限を考えるということになるので，Hopf 環の全射準同型 $\pi\colon H_1 \to H_2$ が部分量子群を表していることになる．このとき $(\iota \otimes \pi)\Delta(f) = f \otimes 1$ という条件を満たす H_1 の元 f を集めた部分環 H_1^π は余イデアルになっており，H_2 が表す部分量子群 G' による商をとった量子等質空間 G/G' の上の関数環と見なすことができる．

古典的な場合との著しい違いは，以下の例のように余イデアルがこのような「部分量子群による商」を表すものだけとは限らないということである．

例 6.6 (Podleś 球面) 実数 q に関する[5]量子群 $SU_q(2)$ の場合には，部分（量子）群である $U(1)$ やその閉部分群の他に，Podleś 球面と呼ばれる一連の余イデアルの族があることが知られている [Pod87]．これらは連続なパラメーター $0 \leq c \leq \infty$ によって分類されるものであり，生成元 A, B と関係式

- $A = A^*$, $BA = q^2 AB$
- $c < \infty$ のときは

$$\left(A - \frac{1}{2}\right)^2 + B^*B = c + \frac{1}{4}, \quad \left(q^2 A - \frac{1}{2}\right)^2 + BB^* = c + \frac{1}{4},$$

- $c = \infty$ のときは

$$A^2 + B^*B = 1, \quad q^4 A^2 + BB^* = 1$$

によって与えられる $*$ 環 $\mathcal{O}(S^2_{q,c})$ として実現されている．スピン 1 表現 ($SO_q(3)$ の定義表現) $H_1 = V(1) = \mathbb{C}^3$ の weight ベクトルによる正規直交基底

$$e_2 \in V(1)_2, \quad e_0 = \frac{|q|}{\sqrt{[2]_q}} F e_2, \quad e_{-2} = \frac{1}{\sqrt{[2]_q}} F e_0$$

により定まる単位ベクトル

$$\xi_c = \frac{1}{\sqrt{2c+1}} \left(\sqrt{c}\, e_2 + e_0 + \sqrt{c}\, e_{-2}\right)$$

を考えると，$\mathcal{O}(S^2_{q,c})$ の $\mathcal{O}(SU_q(2))$ への埋め込みは，

$$1 - (1+q^2)A \mapsto \bar{e}_0 \otimes \xi_c, \quad B \mapsto \bar{e}_{-2} \otimes \xi_c$$

によって与えられている（つまり，$SU_q(2)$ の $S^2_{q,c}$ への作用はこの埋め込みに関して Δ を制限することで得られる）．ただし，H_1 を e_i たちを正規直交基底とする Hilbert 空間と見なし，共役ベクトル $\bar{e}_i$ を双対空間の元と見なしたものが $H_1^* \otimes H_1 \subset \mathcal{O}(SU_q(2))$ における上の式の解釈である．特に $c = 0$ の場合が $SU_q(2)/U(1)$ に対応する一方で，それ以外の場合には対応する部分量子群が存在しないということを注意しておこう．これらの代数系は，$q \to 1$ とした古典的な極限ではすべて 2 次元球面 $S^2 \simeq SU(2)/U(1)$ の上の関数環の構造に収束している．したがって，Podleś 球面は S^2 上の様々な Poisson 構造に関する変形量子化

---

[5] 構成からもわかるように，Podleś 球面は $SU_q(2)$ と $SU_{-q}(2)$ の共通の商量子群である $SO_q(3)$ の作用になっているため，実は q の符号によらない構造を持つ．

を与えており，$q \to 1$ という極限によって SU(2) の S^2 への Poisson 作用が現れる，と理解することができる [She91]．

また，余イデアルには以下のような双対性の対応がある [DK94, Tak94] ことも重要である．Hopf 環の全射準同型 $\pi\colon H_1 \to H_2$ に対応する H_1 の余イデアルは H_1^π だったが，双対 Hopf 環の方では π の転置写像によって H_2^* を H_1^* の部分 Hopf 環として埋め込むという写像が与えられている．部分 Hopf 環ならば特に余イデアルの条件を満たしているので，H_1^* の余イデアルが得られたことになる．より一般的に，H, U が Hopf 環で，以下のような $a \in H, u \in U$ に対して $(a, u) \in \mathbb{C}$ を与える対応（Hopf 環の pairing[6]）があったとしよう．

- $(a, uv) = (a_{[1]}, u)(a_{[2]}, v)$, $(ab, u) = (a, u_{[1]})(b, u_{[2]})$
- $(a, 1) = \epsilon(a)$, $(1, u) = \epsilon(u)$
- $(S(a), u) = (a, S(u))$

このとき，U の右余イデアル B に対して

$$C_B = \{a \in H \mid (a, uv) - (a, u)\epsilon(v) = 0 \ (u \in U, \ v \in B)\}$$

という H の部分空間を考えると，C_B は H の左余イデアルになっている[7]．B が部分 Hopf 環の場合に得られるのが，上のような部分量子群に対応する余イデアルである．

等質空間の概念は，推移的な作用と主束という 2 種類のより一般的な概念へと一般化できる．まず，推移的な作用（作用素環論的な文脈ではエルゴード作用ともいう）とは，余作用 $\alpha\colon A \to H \otimes A$ のうちで $\alpha(f) = f \otimes 1$ となる A の元が単位元の定数倍に限られるもののことである．これは，G 不変な関数が定数関数しかない，つまり G の作用による商空間が 1 点に退化しているということを表している．H 自身やその余イデアルはこのような推移的作用の代表的な例である．

一方で，主束については，束としての局所自明化がどのような場合に可能かとい

---

[6]第 1 章で見たように，コンパクト Lie 群 G について $\mathcal{O}(G)$ と $\mathcal{U}(\mathfrak{g})$ がこのような pairing を持つ．

[7]第 7 章で解説するような局所コンパクト量子群の枠組みでは，$B \to C_B$ という対応は正則表現 Hilbert 空間上での relative commutant $C_B = L^\infty(\hat{G}) \cap B'$ として実現されている [Tom07]．

う問題を抜きにすれば，G の自由な作用を考えることと同じ[8])になる．量子群の作用の場合に，余作用 $\alpha\colon A \to H\otimes A$ が G の自由な作用に対応するということは，以下のように定式化される [BM93]．基礎となるのは，通常の群 G の空間 X の作用が自由になるのは $G\times X$ から $X\times_G X = \{(x,y) \mid x\in Gy\}$ への $(g,x) \mapsto (gx,x)$ が全単射になるときである，という特徴付けである．これを環の言葉に直すと，$\alpha(a) = 1\otimes a$ となる A の元を集めた環 $B = A^\alpha$ について，写像

$$A\otimes_B A \to H\otimes A, \quad a\otimes a' \mapsto (1\otimes a)\alpha(a')$$

が全単射であるという条件（Galois 条件）になり，これが成り立つとき A は B の Hopf–Galois 拡大（H-Galois 拡大）であるという．Hopf 環の全射準同型 $\pi\colon H \to H'$ に対応する量子群の包含 $G' \subset G$ について，G' の G への作用は以上の意味で自由であり，H は余イデアル $H^{G'} = H^\pi$ の Hopf–Galois 拡大になっている．

通常の群の場合には，自由で推移的な作用は本質的に群 G 自身の積写像 $G\times G \to G$ を作用と見なしたものに限られる．上で説明した二つの概念を合わせると，自由で推移的な作用とは係数体 $\mathbb{C}$ 上の Hopf–Galois 拡大に他ならないが，Schauenburg [Sch96] らの研究を通じ，そのような対象[9])は別の量子群 G' と，表現の圏同士のテンソル圏としての同値 $\operatorname{Rep} G \simeq \operatorname{Rep} G'$ を考えることと同じであることがわかった．

6.4 Yetter–Drinfeld 環

量子群の作用のうちで特に重要なものとして，Yetter–Drinfeld 環（量子 Yang–Baxter 加群環）と呼ばれる構造がある [PW90, Yet90]．これは，量子群 G の関数環の作用と余作用が一定の条件を満たして共存している構造であり，G の Drinfeld double の作用に対応している．より正確には，Hopf 環 H に対し，H の余作用と作用の対

$$\alpha\colon V \to H\otimes V, \qquad v \mapsto v_{[1]}\otimes v_{[2]},$$
$$H\otimes V \to V, \quad x\otimes v \mapsto x \triangleright v$$

---

[8])群も作用されている空間も多様体である場合にはこの二つの概念は一致する．
[9])G が通常の群で $G' = G$ の場合でも，$\operatorname{Rep} G$ のテンソル圏としての自然な自己同型で恒等関手と自然に同型でないようなものを考えれば，G の関数環とは異なる環が得られる．トーラス $\mathbb{T}^n$ 上の不変 Poisson 構造に関する変形量子化などが代表的な例である．

で，
$$\alpha(x \triangleright v) = x_{[1]}v_{[1]}S(x_{(3)}) \otimes (x_{[2]} \triangleright v_{[2]})$$
を満たすようなものを持つ代数 V を H 上の Yetter–Drinfeld 加群と呼ぶ．これは
$$D(H) \otimes V \to V, \quad (x\omega) \otimes v \mapsto \omega(v_{[1]})x \triangleright v_{[2]} \quad (x \in H, \ \omega \in \hat{H})$$
という対応により，$D(H)$ の作用を持つ加群と言っても同じことである．さらに代数 A に関する上記のような構造で，H の余作用や作用が A の積を保つようなものを Yetter–Drinfeld 環と呼ぶ．

H 上の Yetter–Drinfeld 加群のなすテンソル圏は，H の普遍 R 行列の作用に基づく braiding (8.1 節参照) を持つ．H の余作用を持つ環同士のテンソル積への余作用は環の準同型になるとは限らないが，braiding の作用は Yetter–Drinfeld 環のテンソル積に新しい結合的代数の構造 (braided tensor product) を導き，この新しい環構造について再び Yetter–Drinfeld 環の条件が成り立つことが知られている．

H が通常の群の関数環ならば，H の余作用を持つ環を，counit 写像を用いた作用 $x \triangleright a = x(e)a$ を付加することで，自然に Yetter–Drinfeld 環の構造へと拡張することができる．一般的には H の (余) 作用が必ずしも Yetter–Drinfeld 環の構造に拡張できるとは限らない．例えば，H 自身や，部分量子群に対応する余イデアルは Yetter–Drinfeld 環の構造を持つが，H の部分 Yetter–Drinfeld 環は多くの場合に部分量子群由来のものに限られることが知られている [Tak94, Tom07]．

また，量子群の表現圏とテンソル関手の関係の理解のために重要なのが，H 上の Yetter–Drinfeld 環 A について，
$$ab = b_{[2]}(S^{-1}(b_{[1]}) \triangleright a) \quad (a, b \in A)$$
という braided commutativity (量子可換性，quantum commutativity) の条件である．H 自身や双対 Hopf 環 H^* および部分量子群に関する余イデアルがこの条件を満たす例であり，braided commutative な Yetter–Drinfeld 環はテンソル圏やテンソル関手の構造の研究において重要な役割を果たす [BN11, Dav+13]．

6.5 ノート

$\mathcal{U}_q(\mathfrak{g})$ の表現論は様々な文献で解説されているが，そのうちでも網羅的なものとして [KS97] を挙げておく．

結晶基底への組合せ的なアプローチに関する入門的な書籍として [HK02] があ
る．Lusztig の標準基底の考え方に立った，えびら多様体の同変 K 群などの幾
何的な構造と量子群や Hecke 環の表現論との関係については [Lus93, 中島 00,
有木 04, VV03, Nak04, BN04] などを見よ．

また，$\mathcal{U}_q(\mathfrak{g})$ や $\mathcal{O}(G_q)$ などの環論的な構造についても Joseph [Jos95] らによ
る一連の理論がある．

Podleś 球面の関数環に対応する $\mathcal{U}_q(\mathfrak{sl}_2)$ の余イデアルは [DK94] で与えられ
た．また，C^* 環の枠組みにおける $C(\mathrm{SU}_q(2))$ の余イデアルは [Tom08] で完全
に分類された．

より一般的な，「量子群の拡大」の概念と Hopf 環的構造の関係などについて
は [Mas94, AD95] を見よ．6.3 節の内容については [Maj95] なども参照のこと．ま
た，Yetter–Drinfeld 環とテンソル圏との関係については [Sch94, CW94, CVZ94]
などを参照せよ．

参考文献

[AD95]　N. Andruskiewitsch, J. Devoto. "Extensions of Hopf algebras". *Algebra i Analiz* **7** (1) (1995), pp. 22–61.

[BM93]　T. Brzeziński, S. Majid. "Quantum group gauge theory on quantum spaces". *Comm. Math. Phys.* **157** (3) (1993), pp. 591–638.

[BN04]　J. Beck, H. Nakajima. "Crystal bases and two-sided cells of quantum affine algebras". *Duke Math. J.* **123** (2) (2004), pp. 335–402.

[BN11]　A. Bruguières, S. Natale. "Exact sequences of tensor categories". *Int. Math. Res. Not. IMRN* (24) (2011), pp. 5644–5705.

[CVZ94]　S. Caenepeel, F. Van Oystaeyen, Y. H. Zhang. "Quantum Yang-Baxter module algebras". In: *Proceedings of Conference on Algebraic Geometry and Ring Theory in honor of Michael Artin, Part III (Antwerp, 1992)*. 1994, pp. 231–255.

[CW94]　M. Cohen, S. Westreich. "From supersymmetry to quantum commutativity". *J. Algebra* **168** (1) (1994), pp. 1–27.

[Dav+13]　A. Davydov et al.. "The Witt group of non-degenerate braided fusion categories". *J. Reine Angew. Math.* **677** (2013), pp. 135–177.

[DK94]　　M. S. Dijkhuizen, T. H. Koornwinder. "Quantum homogeneous spaces, duality and quantum 2-spheres". *Geom. Dedicata* **52** (3) (1994), pp. 291–315.

[HK02]　　J. Hong, S.-J. Kang. *Introduction to quantum groups and crystal bases*. Graduate Studies in Mathematics 42. American Mathematical Society, Providence, RI, 2002.

[Jos95]　　A. Joseph. *Quantum groups and their primitive ideals*. Ergebnisse der Mathematik und ihrer Grenzgebiete (3) 29. Springer-Verlag, Berlin, 1995.

[Kas90]　　M. Kashiwara. "Crystalizing the q-analogue of universal enveloping algebras". *Comm. Math. Phys.* **133** (2) (1990), pp. 249–260.

[Kas91]　　M. Kashiwara. "On crystal bases of the Q-analogue of universal enveloping algebras". *Duke Math. J.* **63** (2) (1991), pp. 465–516.

[KS97]　　A. Klimyk, K. Schmüdgen. *Quantum groups and their representations*. Texts and Monographs in Physics. Berlin: Springer-Verlag, 1997.

[Lus90]　　G. Lusztig. "Canonical bases arising from quantized enveloping algebras". *J. Amer. Math. Soc.* **3** (2) (1990), pp. 447–498.

[Lus91]　　G. Lusztig. "Quivers, perverse sheaves, and quantized enveloping algebras". *J. Amer. Math. Soc.* **4** (2) (1991), pp. 365–421.

[Lus93]　　G. Lusztig. *Introduction to quantum groups*. Progress in Mathematics 110. Boston, MA: Birkhäuser Boston Inc., 1993.

[Maj95]　　S. Majid. *Foundations of quantum group theory*. Cambridge: Cambridge University Press, 1995.

[Mas94]　　A. Masuoka. "Quotient theory of Hopf algebras". In: *Advances in Hopf algebras (Chicago, IL, 1992)*. Dekker, New York, 1994, pp. 107–133.

[Nak04]　　H. Nakajima. "Extremal weight modules of quantum affine algebras". In: *Representation theory of algebraic groups and quantum groups*. Math. Soc. Japan, Tokyo, 2004, pp. 343–369.

[Pod87]　　P. Podleś. "Quantum spheres". *Lett. Math. Phys.* **14** (3) (1987), pp. 193–202.

[PW90]　　P. Podleś, S. L. Woronowicz. "Quantum deformation of Lorentz group". *Comm. Math. Phys.* **130** (2) (1990), pp. 381–431.

[Sch94]   P. Schauenburg. "Hopf modules and Yetter-Drinfel′d modules". *J. Algebra* **169** (3) (1994), pp. 874–890.

[Sch96]   P. Schauenburg. "Hopf bi-Galois extensions". *Comm. Algebra* **24** (12) (1996), pp. 3797–3825.

[She91]   A. J.-L. Sheu. "Quantization of the Poisson SU(2) and its Poisson homogeneous space—the 2-sphere". *Comm. Math. Phys.* **135** (2) (1991), pp. 217–232.

[Tak94]   M. Takeuchi. "Quotient spaces for Hopf algebras". *Comm. Algebra* **22** (7) (1994), pp. 2503–2523.

[Tom07]   R. Tomatsu. "A characterization of right coideals of quotient type and its application to classification of Poisson boundaries". *Comm. Math. Phys.* **275** (1) (2007), pp. 271–296.

[Tom08]   R. Tomatsu. "Compact quantum ergodic systems". *J. Funct. Anal.* **254** (1) (2008), pp. 1–83.

[VV03]   M. Varagnolo, E. Vasserot. "Canonical bases and quiver varieties". *Represent. Theory* **7** (2003), 227–258 (electronic).

[Yet90]   D. N. Yetter. "Quantum groups and representations of monoidal categories". *Math. Proc. Cambridge Philos. Soc.* **108** (2) (1990), pp. 261–290.

[中島 00]   中島啓. 「箙多様体と量子アファイン環」. 『数学』 **52** (4) (2000), pp. 337–359.

[有木 04]   有木進. 「古典型 Hecke 環のモジュラー表現」. 『数学』 **56** (2) (2004), pp. 113–136.

第7章
作用素環に基づく理論

　作用素環[1]とは普通 Hilbert 空間上の作用素からなる代数系を指す．この理論は 20 世紀前半に，量子力学の基礎付けや群のユニタリ表現を解析するための枠組みとして導入された．量子群の「位相空間」や「測度空間」的な構造を捉えたり，「局所コンパクト」量子群の基礎付けたりするための設定として作用素環による定式化を考えるとよいことが知られている．

7.1　コンパクト量子群

　量子群を公理的に取り扱う試みは作用素環論の枠組みにおいて最も成功を収めている．1960 年代前半に，Kac [Kac63, Kac65] は局所コンパクト群の群環や関数環を含み，可換群の間の Pontryagin 双対性を包摂するような枠組みとして現在 Kac 環と呼ばれるようになった枠組みを提唱した．この理論は初め竹崎 [Tak72]，Vainerman–Kac [VK74]，Enock–Schwartz らによって主に von Neumann 環の枠組みで進展したが，他の分野における量子群に直接対応するようなものは Woronowicz [Wor87] が単位的 C* 環の枠組みにおいて構築したコンパクト量子群の理論によって初めて達成された．

　Woronowicz による公理は，以下のような非常に単純なものである．コンパクト量子群とは，単位的（乗法に関する単位元 1_A を持つ）C* 環 A と，A から自分自身との minimal テンソル積への * 準同型写像 $\Delta \colon A \to A \otimes A$ の組で，

- 余結合律：$(\Delta \otimes \iota)\Delta = (\iota \otimes \Delta)\Delta$
- $(a \otimes 1)\Delta(b)$ という形の元や $(a \otimes 1)\Delta(b)$ という形の元の線形結合がそれぞれ $A \otimes A$ 内で稠密 (cancellativity)

という二つの条件を満たすものによって与えられる対象であり，A のことを $C(G)$

---

[1] 作用素環の基礎的な事実については A.5 節を参照のこと．

と書いてコンパクト量子群 G の関数環[2]だともいう. A が可換 C^* 環の場合には, 実際にコンパクト位相空間 X 上の連続関数の代数系だと見なすことができ, これらの条件は X が cancellative[3]な半群の構造を持つことと同値である. そのような対象は自動的にコンパクト群になることが知られているため, 上の公理系はコンパクト位相群の自然な一般化になっている.

コンパクト量子群の関数環の古典的な例は, コンパクト群上の連続関数環 $C(G)$ や, 離散群のたたみ込み積に関する環 (群環) $C^*(\Gamma)$ である. 後者の場合, 正確にはどのようなノルムを考えるかを区別する必要があり, 正則表現における作用素ノルムを考えた被約群環 $C_r^*(\Gamma)$ や, すべてのユニタリ表現から誘導されるノルムの最大値を考えた極大群環 $C_f^*(\Gamma)$ などが特に重要な例である.

このようにして定義されたコンパクト量子群が持つ著しい性質に, Haar 測度 (Haar 状態) の存在がある. これは C^* 環 A 上の状態汎関数 h で, 不変性の条件

$$(h \otimes \iota)\Delta(x) = h(x)1_A = (\iota \otimes h)\Delta(x) \quad (x \in A)$$

を満たすものであり, 形式的な議論によってこの条件を満たすものは一意に定まることもわかる. A がコンパクト群 G 上の関数環ならば h は G の Haar 測度に関する積分が定める汎関数であり, 離散群 Γ の群環ならば $h(g) = \delta_{e,g}$ $(g \in \Gamma)$ と具体的に表すことができる.

このような h が定める A 上の内積空間の構造 $(a, b) = h(b^*a)$ を完備化して得られる Hilbert 空間 (Gelfand–Naimark 構成) は G の Haar 測度に関する L^2 関数の空間 $L^2(G)$ と解釈することができ, この上に A を表現したものを被約環 A_r, または G 上の被約関数環 $C^r(G)$ などと呼ぶ. これは離散群の被約群環に対応した構成である.

Haar 状態 h の作用素環論的な性質は, 後で述べるような G のユニタリ表現の共役の構造や, $C(G)$ に対応する Hopf 環の構造との間に密接な関係がある. ユニタリ表現の共役の構造をもとにして, Woronowicz character と呼ばれる一連の $C(G)$ から $\mathbb{C}$ への (非有界) 準同型の, たたみ込み積に関する正則 1 パラメーター群 $(f_z)_{z \in \mathbb{C}}$ が定められるが, これは h がトレースからどれだけ離れているか (冨田–竹崎理論における modular 自己同型群) という情報や, 対応する Hopf 環

---

[2] $\mathcal{O}(G_q)$ の場合と同じく, A が可換でなければ G 自体が集合として意味を持つわけではないので, これはあくまで形式的な記法・用語である.

[3] $gh = gk$ や $hg = kg$ から $h = k$ が言えること.

における antipode のべき乗がどうなっているか (scaling group) という情報などを含んでいる.

また, 被約関数環 $C^r(G)$ 上で counit が連続か, という問題は (余) 従順性と呼ばれる解析的な性質についての理論へとつながっている [Voi79, KR99, BCT05, Tom06].

7.2 表現論と淡中–Krein 双対性

コンパクト群の構造を調べる際にはベクトル空間への群の作用である線形表現に関する考察が重要な役割を果たすが, 6.3 節のように関数環の余作用を考えることにより, 量子群に対しても線形表現やユニタリ表現の概念を捉えることができる. 作用素環の枠組みでは, この考え方を以下のように定式化すると便利であることが知られている. コンパクト量子群 G の Hilbert 空間 H 上の表現とは, multiplier 環 $\mathcal{M}(\mathcal{K}(H) \otimes C(G))$ [4]の可逆元 U で $(\iota \otimes \Delta)(U) = U_{13}U_{23}$ を満たすものによって与えられ, さらに U がユニタリ元のときにはユニタリ表現と呼ぶことにする. このような U に対して $\xi \mapsto U(\xi \otimes 1)$ が H 上の $C(G)$ の余作用を与えている. 線形表現の概念をこのように定式化したとき, 例えば自明表現は $1 \in C(G) \simeq B(\mathbb{C}) \otimes C(G)$ によって与えられる. G が普通のコンパクト群ならば $\mathcal{M}(\mathcal{K}(H) \otimes C(G))$ は G から $B(H)$ への ($\mathcal{K}(H)$ の multiplier としての strict topology について) 連続関数のなす環と見なせるので, 上のようなユニタリ表現 U は, ユニタリ作用素に値をとる関数 $(U_g)_{g \in G}$ で $U_{gh} = U_g U_h$ を満たすものを表しているため, 確かに元々の意味でのユニタリ表現と一致している.

さらに, G の表現 (U, H), (V, K) に対して, U から V への intertwiner とは H から K への有界作用素で $(T \otimes 1)U = V(T \otimes 1)$ を満たすもののことである. この定義から, U や V がユニタリ表現で, T が U から V への intertwiner ならば T^* は V から U への intertwiner になる. U から V への intertwiner の集合を $\mathrm{Mor}(U, V)$ と書くことにすると, $(\mathrm{Mor}(U, V))_{U,V}$ を射の体系とする圏は $(ST)^* = T^*S^*$ という性質を持った射の変換 $T \mapsto T^*$ と, ノルム $\|T\|$ で C* 条件 $\|TT^*\| = \|T\|^2 = \|T^*T\|$ を満たすものを持つことになる. このような圏を C* 圏と呼ぶ.

コンパクト群の表現のテンソル積の一般化として, 上記のようなユニタリ表現

---

[4] この環は, H が有限次元ならば $B(H) \otimes C(G)$ になる.

(U, H), (V, K) に対し,
$$U \times V = U_{13} V_{23} \in \mathcal{M}(\mathcal{K}(H) \otimes \mathcal{K}(K) \otimes C(G))$$
を考えると, これは $H \otimes K$ 上のユニタリ表現を与えている. intertwiner についてもテンソル積 $S \in \mathrm{Mor}(U, V)$ と $T \in \mathrm{Mor}(W, X)$ のテンソル積 $S \otimes T$ が $\mathrm{Mor}(U \otimes W, V \otimes X)$ の元として意味を持ち, このテンソル積によって G のユニタリ表現の圏は C^* テンソル圏の構造 (8.1 節も参照のこと) を持つことがわかる.

また, 表現の反傾表現の概念も以下のようにして定式化することができる. まず, Hilbert 空間 H 上の作用素 T について, 共役空間 $\bar{H}$ の作用素 $j(T)$ を $j(T)\bar{\xi} = \overline{T^*\xi}$ によって定める. $U \in B(H) \otimes C(G)$ が有限次元ユニタリ表現を与えているとき, $U^c = (j \otimes \iota)(U^*)$ は $\bar{H}$ 上の表現を与えている. U^c はユニタリとは限らないが, 通常のコンパクト群の有限次元複素線形表現の場合と同じくユニタリ化することができる. つまり, $\bar{H}$ 上の可逆正作用素 $\rho_{\bar{U}}$ で $\bar{U} = (\rho_{\bar{U}}^{-1/2} \otimes 1) U^c (\rho_{\bar{U}}^{1/2} \otimes 1)$ がユニタリ元になるものがあり[5], $\bar{U}$ がユニタリ表現としての U の反傾表現を実現している.

反傾表現の性質を圏論的に特徴付けると, 以下のように整理することができる. H の正規直交基底を一組とって $(e_i)_i$ と書くことにすると, $((e_i)_i$ の選び方によらない) 線形写像
$$r\colon \mathbb{C} \to \bar{H} \otimes H, \quad 1 \mapsto \sum_i \bar{e}_i \otimes e_i,$$
$$\bar{r}\colon \mathbb{C} \to H \otimes \bar{H}, \quad 1 \mapsto \sum_i e_i \otimes \bar{e}_i$$
と $\rho_{\bar{U}}^{\pm 1/2}$ の合成
$$R = (\rho_{\bar{U}}^{1/2} \otimes \iota) r, \quad \bar{R} = (\iota \otimes \rho_{\bar{U}}^{-1/2}) \bar{r}$$
はそれぞれ自明表現から $\bar{U} \times U$ や $U \times \bar{U}$ への intertwiner を定めている. これらは $r, \bar{r}$ と同様に,
$$(\bar{R}^* \otimes \iota_U)(\iota_U \otimes R) = \iota_U, \quad (R^* \otimes \iota_{\bar{U}})(\iota_{\bar{U}} \otimes \bar{R}) = \iota_{\bar{U}}$$
という方程式 (conjugate equation) を満たしており, この方程式が U と $\bar{U}$ が互いに共役の関係にあるということの特徴付けを与えている.

---

[5] 実は, ρ_U は H_U における Woronowicz character f_1 の表現である.

以上のようにして，G の有限次元ユニタリ表現の圏 $\operatorname{Rep} G$ はすべての対象が共役を持ち，射の空間は有限次元の C^* 構造を持つ C^* テンソル圏だということがわかる．これらの性質をまとめて，$\operatorname{Rep} G$ は rigid かつ半単純な C^* テンソル圏だという．また，各ユニタリ表現 (U, H) に対し H のみを取り出すという，$\operatorname{Rep} G$ から有限次元の Hilbert 空間のなす C^* テンソル圏への C^* テンソル関手（ファイバー関手，忘却関手）があることにも注意しよう．

Woronowicz による淡中–Krein 双対性定理とは，この対応を逆転させて，rigid 半単純 C^* テンソル圏 $\mathcal{C}$ と $\mathcal{C}$ から有限次元 Hilbert 空間の圏への C^* テンソル関手 F の組は，なんらかのコンパクト量子群 G についての $\operatorname{Rep} G$ と忘却関手の組と同型だというものである．証明の鍵となるのは，q 変形量子群の場合の関数環 $\mathcal{O}(G_q)$ のように，G の既約なユニタリ表現の代表系 $(H_s)_s$ について「行列係数」を考えたもの $\mathcal{O}(G) = \bigoplus_s \bar{H}_s \otimes H_s$ が[6]

$$\mathcal{O}(G) \to C(G), \quad \bar{H}_s \otimes H_s \ni \bar{\xi} \otimes \eta \mapsto ((\cdot \eta, \xi) \otimes \iota)(U_s) \in C(G)$$

という対応によって $C(G)$ の稠密な部分 bialgebra をなし，自明表現に関する直和因子への射影が Haar 状態と同一視されるという Peter–Weyl 型の構造定理である．$(\mathcal{C}, F)$ という組から出発しても，同様の直和を，H_s の代わりに $\mathcal{C}$ の単純な対象の同型類 U_s が F のもとでとる値 $F(U_s)$ について考え，テンソル積の分解に基づいて積の構造を，$F(U_s)$ 上の作用素の合成の転置写像によって余積の構造を考えることによって，コンパクト量子群の関数環を定めることができる．また，$\mathcal{O}(G)$ は

$$\epsilon(\bar{\xi} \otimes \eta) = (\eta, \xi), \quad (\iota \otimes S)(U) = U^* \quad (U \text{ は } G \text{ のユニタリ表現})$$

によって特徴付けられる counit や antipode を持ち，Hopf 環になっている．

さらに，$\mathcal{C}$ が対称[7]なユニタリ braiding c（8.1 節参照）を持ち，F による c の像がテンソル積の入れ替え（と同型）になる場合には，$(\mathcal{C}, F)$ に対応する量子群は通常のコンパクト群になる．これは，c と F に関する条件から，上記の

---

[6] H_s の共役空間 $\bar{H}_s = \{\bar{\xi} \mid \xi \in H\}$ は，実ベクトル空間としては H_s と同一視されるが，$\alpha \in \mathbb{C}$ について $\overline{\alpha \xi} = \bar{\alpha} \bar{\xi}$ という変形された複素数倍の構造を持つ．$\bar{\xi}(\eta) = (\eta, \xi)$（右辺は H の Hermite 内積）という対応によって $\bar{H}_s$ は H_s^* と複素ベクトル空間として同一視することができる．

[7] $c_{Y,X} c_{X,Y} = \iota_{X \otimes Y}$ を満たすということ．

Peter–Weyl 構成を行ったものが可換環になり，Gelfand–Naimark の定理によって極大イデアル空間 G に（cancellative 半）群の構造を定められるためである．このようにして，Woronowicz による淡中–Krein 双対性定理はコンパクト群に関する古典的な淡中–Krein 双対性定理を拡張したものになっている．

$\mathfrak{g}$ を複素半単純 Lie 環，G を対応するコンパクト Lie 群とするとき，正の実数 q に関する G の q 変形量子群のコンパクト量子群としての実現は，淡中–Krein 双対性定理に基づいて以下のように定義することができる．まず，量子普遍包絡環 $\mathcal{U}_q(\mathfrak{g})$ は，生成元に関して

$$K_i^* = K_i, \quad E_i^* = F_i K_i, \quad F_i^* = K_i^{-1} E_i$$

を満たすような $*$ 環の構造を持っている．これに関して，$\mathcal{U}_q(\mathfrak{g})$ の admissible 有限次元加群は，必ず不変な Hermite 内積[8]を持つことが知られている [CP95, Section 10.1.E]．このような不変な内積を持つ $\mathcal{U}_q(\mathfrak{g})$ の admissible 有限次元加群は C^* テンソル圏 $\mathcal{C}_q$ をなし，加群としての構造を忘れて Hilbert 空間のみを取り出す操作がファイバー関手を定めている．この組によって指定されるコンパクト量子群がコンパクト q 変形量子群 G_q である．

2.1 節では（スペクトルパラメーター付き）R 行列を用いた「RTT 方程式」(2.1) が現れた．スペクトルパラメーターがない場合に対応する方程式と量子群との関係は，以下のようにして説明できる．量子群 G の有限次元ユニタリ表現 U, V について，$U \otimes V$ から $V \otimes U$ への intertwiner $\check{R}$ があったとしよう．これは，$C(G) \otimes B(H_U \otimes H_V, H_V \otimes H_U)$ の中で (2.1) の類似

$$\check{R}_{23} U_{12} V_{13} = V_{12} U_{13} \check{R}_{23}$$

が成り立つということである．H_U や H_V の基底をとって $U, V, \check{R}$ を行列として表せば，この等式は

$$\sum_{j,q} \check{R}_{pi,jq} U_{j,k} V_{q,r} = \sum_{j',q'} V_{p,q'} U_{i,j'} \check{R}_{q'j',kr} \quad (p,i,k,r)$$

という形の連立方程式として表すこともできる．

$SU_q(n)$ の場合には，U, V が共に定義表現 U_{nat} ($H_{U_{\text{nat}}} = \mathbb{C}^n$) の場合の R 行列の作用 $\check{R}_q = \sigma R_q$ と，$SU(n)$ の自明部分表現 $\bigwedge^n U_{\text{nat}} \subset U_{\text{nat}}^{\otimes n}$ の実現に対応する埋め込み $\mathbb{C} \to U_{\text{nat}}^{\otimes n}$ によって $\operatorname{Rep} SU_q(n)$ が生成されていると見なせるが，

---

[8] $a \in \mathcal{U}_q(\mathfrak{g})$ について $(a.\xi, \eta) = (\xi, a^*\eta)$ を満たすもの．

これは Hopf 環 $\mathcal{O}(\mathrm{SU}_q(n))$ が $U = V = U_{\mathrm{nat}}$ に関する上の形の方程式と量子行列式によって特徴付けられるということに対応している [RTF89].

7.3 自由量子群

コンパクト量子群の枠組で見出された, 古典的な群の連続的な変形ではないような量子群の重要な例として, 自由量子群と呼ばれる一連の系列がある. これは Wang, Van Daele [Wan93, VW96] らによって, 関数環の普遍性の条件をもとにして定義された量子群である.

これらのうちで最も普遍的なものは自由ユニタリ量子群と呼ばれる以下の例である. Q を N 次の複素正方行列とするとき, N^2 個の元 u_{ij} ($1 \leq i,j \leq N$) で生成される $*$ 環 A で, A を係数とする N 次正方行列の代数系において $U = (u_{ij})_{i,j=1}^{N}$ と $Q\bar{U}Q^{-1}$ がともにユニタリ行列になっている, という条件に関して普遍的なものを $\mathcal{O}(\mathrm{U}_Q^+)$ と書く. ただし, $\bar{U}$ は (i,j) 成分が u_{ij}^* である行列 (U の成分ごとに共役をとったもの) であり, $Q\bar{U}Q^{-1}$ は N 次正方行列としての積である.

$\mathcal{O}(\mathrm{U}_Q^+)$ の Hilbert 空間 H への表現を考えるということは N^2 個の有界作用素 T_{ij} で u_{ij} に関する上記の条件を満たすものを考えるということと同じだが, このような $T_{i,j}$ については, $(T_{ij})_{i,j=1}^{N}$ という H^N 上の作用素がユニタリ作用素であるという条件から, $\|T_{ij}\| \leq 1$ であることが従う. 特に, $\mathcal{O}(\mathrm{U}_Q^+)$ の Hilbert 空間上への作用は必ず有界作用素によって表されることになる. $\mathcal{O}(\mathrm{U}_Q^+)$ の Hilbert 空間上への表現すべてに関するノルムの最大値について閉包をとったものを $C^f(\mathrm{U}_Q^+)$, $A_u(Q)$ などと書く. この C* 環は $\Delta(u_{ij}) = \sum_{k=1}^{N} u_{ik} \otimes u_{kj}$ という式によって特徴付けられるコンパクト量子群の関数環の構造を持ち, 対応する量子群を自由ユニタリ量子群と呼ぶ. また, Q が恒等行列 I_N の場合には U_Q^+, $A_u(Q)$ の代わりに U_N^+, $A_u(N)$ とも書く.

この量子群を「自由ユニタリ群」と呼ぶのは, $\mathcal{O}(\mathrm{U}_N^+)$ の関係式に可換性の条件 $u_{ij}u_{kl} = u_{kl}u_{ij}$ をさらに追加したものが通常のユニタリ群 U_N 上の関数環を表しているためである. これは, 自由群 $\mathbb{F}_n$ に対し可換性の条件をつけることで $\mathbb{Z}^n$ が得られるということの類似になっている. このことから, U_N の部分群 G が

$u_{i,j}$ や u_{ij}^* の多項式に関する方程式 $P(u_*, \bar{u}_*) = 0$ の解集合として表されているとき，$\mathcal{O}(\mathrm{U}_N^+)$ や $\mathcal{O}(\mathrm{U}_Q^+)$ の中でこの条件を解釈することで，G の「自由化」量子群を考えることができる[9]．このようなもののうちで代表的な構成は，$\mathcal{O}(\mathrm{U}_Q^+)$ に $U = Q\bar{U}Q^{-1}$ という関係を追加することによって得られる環 $\mathcal{O}(\mathrm{O}_Q^+)$ と，対応する C^* 環 $C^f(\mathrm{O}_Q^+)$, $A_o(Q)$ によって表される自由直交群 O_Q^+ である．これは，ユニタリ行列のうちで実行列をとることによって直交行列が得られるという構成に対応している．

これらの量子群が導入された当初は，一般的な Q については非自明な対象が与えられるかどうかすらわかっていなかったが，実際に表現の圏や関数環の性質について自由群との間に良い類似があることが Banica [Ban96, Ban97] の研究によって明らかになった．さらに Banica–Speicher [BS09] によって，これらの量子群の表現の圏の組合せ論的な構造は，表現の intertwiner の図式的な表示を経由して，非可換確率論の代表的な例である自由確率論に現れる組合せ論的な構造と密接に関係していることが知られるようになった．

7.4 局所コンパクト量子群

コンパクト量子群やその双対的な対象である離散量子群の概念を一般化させ，局所コンパクト群を含むように拡張した枠組みが局所コンパクト量子群の理論である．ここで重要なのは，局所コンパクト群には右 Haar 測度や左 Haar 測度が存在し，正則表現の Hilbert 空間上に，有界可測関数の環や可積分関数のたたみ込み積に関する環が作用素環として表現できるということである．

コンパクト量子群の理論が簡明な公理によって基礎付けられることに比べると，局所コンパクト量子群の理論は一見込み入った形をしている．定式化の方法も，von Neumann 環をもとにしたもの [MN94, KV00, KV03]，C^* 環の準同型の概念を multiplier algebra を用いて拡張して定式化するもの [MNW03]，algebraic quantum group [Van94, Kus97, DV01, Van14] と呼ばれる一連の方法など多岐にわたる．これらは基本的には同じ対象を定めているが，どのような立場から局所コンパクト量子群を研究するかに応じて一長一短の特徴を持っている．いずれ

---

[9] もちろん，この定義は多項式 P の表示に依存しているし，$\mathcal{O}(\mathrm{U}_Q^+)$ の $P(u_*, \bar{u}_*)$ による商が実際に自明でない量子群を定めるようにするためには P を適切に選ぶ必要がある．

にしても，コンパクト量子群の場合に Haar 測度に対応する Haar 状態の存在が証明できることとは対照的に，局所コンパクト量子群に対応する代数系上での対応する概念である Haar weight の存在を仮定する必要がある（その代わりに cancellativity は仮定しない）点が大きく異なる．また，multiplicative unitary と呼ばれる概念によって，さらに一般的な量子群の概念を Hilbert 空間上に定式化したものも重要である [BS93, SW01]．

Kustermans–Vaes によって完成させられた，von Neumann 環による局所コンパクト量子群の定義は以下のような条件を満たす四つ組 (M, Δ, ϕ, ψ) によって与えられる．まず，M は von Neumann 環であり，Δ は作用素の弱位相について連続な準同型 $M \to M \bar{\otimes} M$，また ϕ と ψ は忠実な正規半有限 weight[10]で不変性の条件

$$\phi(\omega \otimes \iota)\Delta(x) = \phi(x)\omega(1), \quad \psi(\iota \otimes \omega)\Delta(x) = \psi(x)\omega(1)$$

を満たすものである．ただし，ω は M 上の正規状態を，x は ϕ や ψ の値が有限になるような M の元を表している．

上記のような (M, Δ, ϕ, ψ) に対して ϕ に付随する GNS Hilbert 空間 $H = L^2(M, \phi)$ を考えると，$H \otimes H$ 上のユニタリ作用素 W を

$$W^*(\Lambda_\phi(a) \otimes \Lambda_\phi(b)) = (\Lambda_\phi \otimes \Lambda_\phi)(\Delta(b)(a \otimes 1))$$

という式によって定めることができる．この作用素は (M, Δ) に関する情報をすべて含んでおり，正規状態 ω による slicing $(\iota \otimes \omega)(W)$ が生成する von Neumann 環として M が，$\Delta(x) = W^*(1 \otimes x)W$ によって Δ が復元できる．また，Pontryagin 双対量子群と見なすべき局所コンパクト量子群が，$\hat{W} = \sigma W^* \sigma$ をもとにして同様の構成を行うことで得られる．この W や $\hat{W}$ は五角形等式と呼ばれる方程式

$$W_{12}W_{13}W_{23} = W_{23}W_{12}$$

を満たしており，この方程式を満たすユニタリ作用素のことを multiplicative unitary と呼ぶ．

局所コンパクト量子群の枠組みによって捉えられる重要な例としてコンパクト量子群の Drinfeld double がある [PW90]．また，「$ax + b$ 群」と呼ばれる構造

---

[10] 1) $\phi(x) < \infty$ となる x が十分に多く存在し，2) 作用素の弱位相について連続であり，3) $\phi(x) = 0$ ならば $x = 0$ となるもの．

の変形 [PW05, Wor01, WZ02, Wor91][11]や，可解 Lie 群の Kähler 構造に基づく変形量子化 [BG15, NT14] などがある．

例 7.1 (量子 $ax+b$ 群) Woronowicz–Zakrzewski [WZ02] によって構成された量子 $ax+b$ 群は，$\hbar = \sqrt{-1}\pi/(2k+3)$ $(k = 0, 1, \dots)$ という形の数に関して定まるものであり，自己共役かつ可逆な a と自己共役な b で $a^{\sqrt{-1}t}ba^{-\sqrt{-1}t} = e^{\hbar t}b$ を満たすもので生成され，

$$\Delta(a) = a \otimes a, \quad \Delta(b) = a \otimes b + b \otimes 1$$

によって特徴付けられる余積を持った C^* 環として定められる．ただし，上の a や b は非有界な作用素によって表されるものなので，厳密には「C^* 環に affiliate する非有界自己共役作用素」や「affiliate される作用素によって生成される C^* 環」といった概念 [Wor95] を経由して定義することが必要になる．上の a と b の間の交換関係からも推測できるように，この代数系は

$$\begin{pmatrix} a & b \\ 0 & 1 \end{pmatrix}$$

という座標付けに関して

$$\{f, g\} = ab(\partial_a f \partial_b g - \partial_b f \partial_a g)$$

と書かれる Poisson bracket についての変形量子化を与えている．

一方，Baaj–Skandalis による例 [Ska91] は，自己共役かつ可逆な a と反自己共役な z で $[a, z] = a(1-a)$ を満たすものによって生成され，

$$\Delta(a) = a \otimes a, \quad \Delta(z) = a \otimes z + z \otimes 1$$

によって特徴付けられる余積を持った C^* 環である．実は，この体系は $b = \sqrt{-1}\,z$ 座標に関する適切な拡大縮小を考えることで，

$$\{f, g\} = a(1-a)(\partial_a f \partial_b g - \partial_b f \partial_a g)$$

という Poisson bracket に関する変形量子化の構造を持っていることがわかる [VV03, Sta13]．

---

[11] 「座標」の範囲をどのように制限するかによって，$ax+b$ 群，$az+b$ 群，$E(2)$ 群などいくつかの変種がある．

Bieliavsky–Gayral による Kähler–Lie 群の変形量子化は，Schwartz 級関数の空間に三角形の symplectic 面積をもとにした積分核によって新たな積構造を定めることによって得られる．この設定を $ax+b$ 群の場合に適用した場合には，Baaj–Skandalis の場合と同じ Poisson–Lie 構造を考えていることになる．これらの例からもわかるように，非コンパクトな Poisson–Lie 群の場合，同じ Poisson 構造の変形量子化を表す局所コンパクト量子群でも本質的に異なった描像を持つものが存在しうる．

7.5　ノート

作用素環的な量子群の理論の成り立ちに関するエピソードは [Vai14] に詳しい．

作用素環論に基づいた量子群の理論を網羅的にカバーした書籍として [Tim08] がある．また，コンパクト量子群の場合に淡中–Krein 双対性や代数的な q 変形量子群との関係を解説したものとして [NT13] がある．

作用素環論による定式化の大きな利点はコンパクト量子群と離散量子群の間の Pontryagin 双対性が捉えられることである．また，量子群上の調和解析は様々な新しい現象を生み出し，例えば離散量子群上のランダムウォークの概念をもとにした非可換 Poisson 境界の理論 [Izu02, INT06, Tom07] は離散量子群の従順性とコンパクト量子群の等質空間の間の深い関係を導いている．

量子群の von Neumann 環への作用のうちで極小作用と呼ばれるもの [ILP98, Ued99] は一般的な von Neumann 環の構造論の観点からも非常に重要である．このような作用に関して，不変部分環と全体の環の間の部分環 $M^G \subset N \subset M$ は $C(G)$ の余イデアルに対応するという Galois 対応 [Tom09] が成り立つことなどが知られている一方，最も基本的な超有限と呼ばれるクラスの von Neumann 環に $\mathrm{SU}_q(2)$ が極小作用を持つかどうかはまだわかっていない．

参考文献

[Ban96]　　T. Banica. "Théorie des représentations du groupe quantique compact libre O(n)". *C. R. Acad. Sci. Paris Sér. I Math.* **322** (3) (1996), pp. 241–244.

[Ban97]   T. Banica. "Le groupe quantique compact libre U(n)". *Comm. Math. Phys.* **190** (1) (1997), pp. 143–172.

[BCT05]   E. Bédos, R. Conti, L. Tuset. "On amenability and co-amenability of algebraic quantum groups and their corepresentations". *Canad. J. Math.* **57** (1) (2005), pp. 17–60.

[BG15]   P. Bieliavsky, V. Gayral. "Deformation quantization for actions of Kählerian Lie groups". *Mem. Amer. Math. Soc.* **236** (1115) (2015), pp. vi+154.

[BS09]   T. Banica, R. Speicher. "Liberation of orthogonal Lie groups". *Adv. Math.* **222** (4) (2009), pp. 1461–1501.

[BS93]   S. Baaj, G. Skandalis. "Unitaires multiplicatifs et dualité pour les produits croisés de C^*-algèbres". *Ann. Sci. École Norm. Sup. (4)* **26** (4) (1993), pp. 425–488.

[CP95]   V. Chari, A. Pressley. *A guide to quantum groups.* Cambridge: Cambridge University Press, 1995.

[DV01]   B. Drabant, A. Van Daele. "Pairing and quantum double of multiplier Hopf algebras". *Algebr. Represent. Theory* **4** (2) (2001), pp. 109–132.

[ILP98]   M. Izumi, R. Longo, S. Popa. "A Galois correspondence for compact groups of automorphisms of von Neumann algebras with a generalization to Kac algebras". *J. Funct. Anal.* **155** (1) (1998), pp. 25–63.

[INT06]   M. Izumi, S. Neshveyev, L. Tuset. "Poisson boundary of the dual of $SU_q(n)$". *Comm. Math. Phys.* **262** (2) (2006), pp. 505–531.

[Izu02]   M. Izumi. "Non-commutative Poisson boundaries and compact quantum group actions". *Adv. Math.* **169** (1) (2002), pp. 1–57.

[Kac63]   G. I. Kac. "Ring groups and the duality principle". *Trudy Moskov. Mat. Obšč.* **12** (1963), pp. 259–301.

[Kac65]   G. I. Kac. "Annular groups and the principle of duality. II". *Trudy Moskov. Mat. Obšč.* **13** (1965), pp. 84–113.

[KR99]   J. Kraus, Z.-J. Ruan. "Approximation properties for Kac algebras". *Indiana Univ. Math. J.* **48** (2) (1999), pp. 469–535.

[Kus97]   J. Kustermans. *Universal C^*-algebraic quantum groups arising from algebraic quantum groups.* preprint. 1997.

[KV00]   J. Kustermans, S. Vaes. "Locally compact quantum groups". *Ann. Sci. École Norm. Sup. (4)* **33** (6) (2000), pp. 837–934.

[KV03]   J. Kustermans, S. Vaes. "Locally compact quantum groups in the von Neumann algebraic setting". *Math. Scand.* **92** (1) (2003), pp. 68–92.

[MN94]   T. Masuda, Y. Nakagami. "A von Neumann algebra framework for the duality of the quantum groups". *Publ. Res. Inst. Math. Sci.* **30** (5) (1994), pp. 799–850.

[MNW03] T. Masuda, Y. Nakagami, S. L. Woronowicz. "A C^*-algebraic framework for quantum groups". *Internat. J. Math.* **14** (9) (2003), pp. 903–1001.

[NT13]   S. Neshveyev, L. Tuset. *Compact quantum groups and their representation categories*. Cours Spécialisés 20. Société Mathématique de France, Paris, 2013.

[NT14]   S. Neshveyev, L. Tuset. "Deformation of C^*-algebras by cocycles on locally compact quantum groups". *Adv. Math.* **254** (2014), pp. 454–496.

[PW05]   W. Pusz, S. L. Woronowicz. "A new quantum deformation of '$ax+b$' group". *Comm. Math. Phys.* **259** (2) (2005), pp. 325–362.

[PW90]   P. Podleś, S. L. Woronowicz. "Quantum deformation of Lorentz group". *Comm. Math. Phys.* **130** (2) (1990), pp. 381–431.

[RTF89] N. Yu. Reshetikhin, L. A. Takhtadzhyan, L. D. Faddeev. "Quantization of Lie groups and Lie algebras". *Algebra i Analiz* **1** (1) (1989), pp. 178–206.

[Ska91] G. Skandalis. "Duality for locally compact 'quantum groups' (joint work with S. Baaj)". In: C^*-*algebren*. Mathematisches Forschungsinstitut Oberwolfach. 1991.

[Sta13] P. Stachura. "On the quantum 'ax+b' group". *J. Geom. Phys.* **73** (2013), pp. 125–149.

[SW01]   P. M. Sołtan, S. L. Woronowicz. "A remark on manageable multiplicative unitaries". *Lett. Math. Phys.* **57** (3) (2001), pp. 239–252.

[Tak72] M. Takesaki. "Duality and von Neumann algebras". In: *Lectures on operator algebras; Tulane Univ. Ring and Operator Theory Year, 1970–*

1971, Vol. II; (dedicated to the memory of David M. Topping). Springer, Berlin, 1972, 665–786. Lecture Notes in Math., Vol. 247.

[Tim08] T. Timmermann. *An invitation to quantum groups and duality*. EMS Textbooks in Mathematics. European Mathematical Society (EMS), Zürich, 2008.

[Tom06] R. Tomatsu. "Amenable discrete quantum groups". *J. Math. Soc. Japan* **58** (4) (2006), pp. 949–964.

[Tom07] R. Tomatsu. "A characterization of right coideals of quotient type and its application to classification of Poisson boundaries". *Comm. Math. Phys.* **275** (1) (2007), pp. 271–296.

[Tom09] R. Tomatsu. "A Galois correspondence for compact quantum group actions". *J. Reine Angew. Math.* **633** (2009), pp. 165–182.

[Ued99] Y. Ueda. "A minimal action of the compact quantum group $SU_q(n)$ on a full factor". *J. Math. Soc. Japan* **51** (2) (1999), pp. 449–461.

[Vai14] L. Vainerman. "Ideas that will outlast us: To the memory of George Kac (Georgiy Isaakovich Kac)". *EMS Newsletter* (92) (2014), pp. 16–21.

[Van14] A. Van Daele. "Locally compact quantum groups. A von Neumann algebra approach". *SIGMA Symmetry Integrability Geom. Methods Appl.* **10** (2014), Paper 082, 41.

[Van94] A. Van Daele. "Multiplier Hopf algebras". *Trans. Amer. Math. Soc.* **342** (2) (1994), pp. 917–932.

[VK74] L. Ĭ. Vaĭnerman, G. I. Kac. "Nonunimodular ring groups and Hopf-von Neumann algebras". *Mat. Sb. (N.S.)* **94(136)** (1974), pp. 194–225, 335.

[Voi79] D. Voiculescu. "Amenability and Katz algebras". In: *Algèbres d'opérateurs et leurs applications en physique mathématique (Proc. Colloq., Marseille, 1977)*. CNRS, Paris, 1979, pp. 451–457.

[VV03] S. Vaes, L. Vainerman. "Extensions of locally compact quantum groups and the bicrossed product construction". *Adv. Math.* **175** (1) (2003), pp. 1–101.

[VW96] A. Van Daele, S. Wang. "Universal quantum groups". *Internat. J. Math.* **7** (2) (1996), pp. 255–263.

[Wan93]   S. Z. Wang. "General constructions of compact quantum groups". PhD thesis. University of California at Berkeley, 1993.

[Wor01]   S. L. Woronowicz. "Quantum "$az + b$" group on complex plane". Internat. J. Math. **12** (4) (2001), pp. 461–503.

[Wor87]   S. L. Woronowicz. "Compact matrix pseudogroups". Comm. Math. Phys. **111** (4) (1987), pp. 613–665.

[Wor91]   S. L. Woronowicz. "Unbounded elements affiliated with C^*-algebras and noncompact quantum groups". Comm. Math. Phys. **136** (2) (1991), pp. 399–432.

[Wor95]   S. L. Woronowicz. "C^*-algebras generated by unbounded elements". Rev. Math. Phys. **7** (3) (1995), pp. 481–521.

[WZ02]   S. L. Woronowicz, S. Zakrzewski. "Quantum '$ax+b$' group". Rev. Math. Phys. **14** (7-8) (2002), pp. 797–828.

第 8 章

テンソル圏

　様々な数学的構造・対象について，それらがどのように実現されているかという問題は無視し，それらの間の関係や変換に着目して得られるのが圏（A.2 節参照）の概念である．このパラダイムに立ったとき，量子群の線形表現の構造はテンソル圏という設定によって捉えることができる．

8.1 テンソル圏

　K を可換体[1]としよう．K 上のテンソル圏 (tensor category, monoidal category) とは，

- 射の集合 $\mathcal{C}(X, Y)$ が K 上のベクトル空間になっており，
- 対象の直和 $X \oplus Y$ の意味付けができる

ような[2]圏 $\mathcal{C}$ で，

- 双関手 $\mathcal{C} \times \mathcal{C} \to \mathcal{C}, (X, Y) \mapsto X \otimes Y$ および
- 単位対象と呼ばれる対象 $1_\mathcal{C}$ を持ち，
- $1_\mathcal{C}$ が $\otimes$ に関する単位としてふるまうことを表す自然な同型

$$1_\mathcal{C} \otimes X \simeq X \simeq X \otimes 1_\mathcal{C},$$

- 結合律を表す自然な同型 (associator)

$$\Phi_{X,Y,Z} : (X \otimes Y) \otimes Z \to X \otimes (Y \otimes Z)$$

が与えられており，

---

[1] 多くの場合に標数 0 であることや代数的閉体であることも仮定する．

[2] さらに各射 T の核 $\mathrm{Ker}\, T$ や cokernel $\mathrm{Coker}\, T$ の意味付けができる（Abel 圏である）ことを要求することも多い．

これらの自然な同型に関して，単位対象の構造射と associator の整合性や，四つの対象の積が本質的には 2 項ごとの積をとる順番によらないという条件を表す，図式

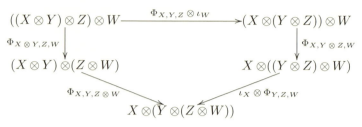

の可換性が成り立っているようなものである．もちろん，4.4 節に現れた associator についての五角形等式は上の図式の可換性に対応している．

また，特別な場合として，$1_\mathcal{C} \otimes X = X$ や $(X \otimes Y) \otimes Z = X \otimes (Y \otimes Z)$ などが成り立ち，それぞれの構造射も恒等射になっている場合を strict なテンソル圏という．

また，以上の条件から $\mathrm{End}_\mathcal{C}(1_\mathcal{C})$ は K 上の可換代数になるが，これが 1 次元である（K と同一視できる）ことを仮定することも多い．$K = \mathbb{C}$ で射の体系に C^* 構造[3]が与えられている場合には，$1_\mathcal{C}$ の構造射や Φ がユニタリであることを仮定したものを C^* テンソル圏と呼ぶ．

異なる圏を比較するための概念が関手であったが，テンソル圏に対する相当物がテンソル関手の概念である．$\mathcal{C}$ と $\mathcal{C}'$ がテンソル圏のとき，$\mathcal{C}$ から $\mathcal{C}'$ へのテンソル関手とは

- $\mathcal{C}$ から $\mathcal{C}'$ への関手 F
- $\mathcal{C}'$ における同型射 $F_0 \colon 1_{\mathcal{C}'} \to F(1_\mathcal{C})$
- 自然な同型 $F_2 \colon F(X) \otimes F(Y) \to F(X \otimes Y)$

の組 (F, F_0, F_2) で，テンソル単位の構造射や associator との両立条件を満たすものである．$\mathcal{C}$ や $\mathcal{C}'$ が C^* テンソル圏の場合には，F_0 が F_2 はユニタリ射で与えられているものを考えることになる．また，(F, F_0, F_2) をまとめて改めて F と書いてしまうことも多い．特に F の通常の意味での関手の部分が圏同値になっている場合には，$\mathcal{C}$ と $\mathcal{C}'$ はテンソル圏として同値だという（この場合には F の「逆

---

[3] $\mathcal{C}(X, Y)$ がノルムと反線形な involution $\mathcal{C}(X, Y) \to \mathcal{C}(Y, X), T \mapsto T^*$ を持ち，完備性や C^* 条件 $\|T^*T\| = \|T\|^2 = \|T^*\|^2$ を満たすということ．

関手」をテンソル関手に拡張することができる）．

$\mathcal{C}$ からそれ自身への K 線形関手のなす圏 $\mathrm{End}(\mathcal{C})$ は，関手の合成によって strict なテンソル圏の構造を持つ．$\mathcal{C}$ の各対象 X について $Y \mapsto X \otimes Y$ という関手 $\mathcal{C} \to \mathcal{C}$ を考えることで，埋め込み関手 $F\colon \mathcal{C} \to \mathrm{End}(\mathcal{C})$ が得られる．テンソル単位の構造射を F_0，associator を F_2 とすることで F はテンソル関手になるが，これは F の「像」がなす strict なテンソル圏と $\mathcal{C}$ との同値を与えるものだと見なすことができる．このようにして，任意のテンソル圏は strict なテンソル圏と同値になる（Mac Lane の coherence 定理）[4]．

群における逆元や，群の表現の反傾表現を考えることに対応するのが，テンソル圏における双対対象の概念である．より具体的には，$\mathcal{C}$ の対象 X の右双対対象 X^* とは，射 $d\colon 1_{\mathcal{C}} \to X^* \otimes X$, $e\colon X \otimes X^* \to 1_{\mathcal{C}}$ で

$$(\iota_{X^*} \otimes e)\Phi(d \otimes \iota_{X^*}) = \iota_{X^*}, \quad (e \otimes \iota_X)\Phi^{-1}(\iota_X \otimes d) = \iota_X$$

を満たすものが存在するようなもののことである．同様にして左双対の概念も定められ，これらが必ず存在するようなテンソル圏のことを rigid (autonomous) 圏と呼ぶ．また，双対対象やその構造射の間にどんな整合性の条件が成り立つかに応じて pivotal 圏，spherical 圏などの階層がある[5]．

例 8.1（両側加群の圏） K 代数 A を固定したとき，両側 A 加群のなす圏は A 上のテンソル積 $M \otimes_A N$ によって K 上のテンソル圏の構造を持つ．A の積が可換ならば，通常の意味での A 加群を両側 A 加群と見なすこともできるため，A 加群の圏 A-mod も同様にして K 上のテンソル圏の構造を持つ．また，可換 K 代数の準同型 $f\colon A \to B$ が与えられたとき，B を

$$a.b = f(a)b \quad (a \in A, b \in B)$$

によって A 加群と見なし，$F(M) = B \otimes_A M$ と定めることで A-mod から B-mod

---

[4] しかし，これは associator が無視できるということを意味してはいないことに注意する必要がある．例えば，$\mathcal{C}$ として離散群 Γ による次数付けを持つベクトル空間の圏を考えると，Γ の積から誘導されるテンソル構造に関する associator の本質的な選び方は群コホモロジー $H^3(\Gamma; K^\times)$ によって分類される．

[5] これらの用語は後述する fusion 圏の枠組みに限定して用いられることも多い．また，rigid C^* テンソル圏は自動的に spherical になる．

へのテンソル関手 F が得られる．より一般的なテンソル圏の枠組みでも，以下で述べるような braiding をもとにして可換環対象 A の概念を定式化することができ，A 加群の圏や準同型射が誘導するテンソル関手について同様の構成を行うことができる．このような方法論は，様々な文脈でテンソル圏の分類に重要な応用を持つ．

例 8.2（自己準同型写像の圏） K 代数 A に対し，$\mathrm{End}(A)$ と書かれる K 線形圏を以下のようにして定義することができる．

- 対象：A の自己準同型写像 $\sigma\colon A\to A$
- σ から τ への射：A の元 a で，どんな $x\in A$ についても $\tau(x)a = a\sigma(x)$ を満たすようなもの
- 射の合成：A における積をとる

どんな σ についても $K.1_A \in \mathrm{Mor}(\sigma,\sigma)$ となるので，1_A が σ の恒等射を表している．また，A が C^* 環ならば，A の構造をもとにして（$*$ 自己準同型のみを考えた圏）$\mathrm{End}(A)$ が自然に C^* 圏の構造を持つことにも注意しておこう．歴史的には，量子場の表現論における superselection sector の数学的な基礎付けや，後述する Doplicher–Roberts 理論においてこのような構成が現れたのが始まりである．

上記の定義から $\mathrm{Mor}(\iota_A,\iota_A)$ は A の中心 $Z(A)$ に等しく，より一般に $\mathrm{Mor}(\sigma,\sigma)$ は $\sigma(A)$ の relative commutant

$$A\cap\sigma(A)' = \{a\in A \mid ab = ba\ (b\in\sigma(A))\}$$

に等しくなっている．さらに，

- $\mathrm{End}(A)$ の対象 σ,τ について $\sigma\otimes\tau = \sigma\tau$（自己準同型の合成）
- 射 $a\colon\sigma\to\sigma',\ b\colon\tau\to\tau'$ について $a\otimes b = a\sigma(b) = \sigma'(b)a$（これは $\sigma\otimes\tau$ から $\sigma'\otimes\tau'$ への射である）

と置くことで，strict なテンソル積構造も定義できる．この方法論ではテンソル積の整合性はほとんど自明だが，より難しいのは直和の意味付けである．準同型 ρ が σ と τ の直和である，とは射

$$j\colon\sigma\to\rho,\quad p\colon\rho\to\sigma,\quad j'\colon\tau\to\rho,\quad p'\colon\rho\to\tau$$

を表す A の元で

$$pj = \iota_\sigma = 1_A, \quad p'j' = \iota_\tau = 1_A, \quad jp + j'p' = \iota_\rho = 1_A$$

を満たすものがあるということに相当している．これは（自明な場合を除けば）A が無限次元かつ非可換な環であるということを導いてしまう．例えば，A が C^* 環の場合には，上記の関係は（$p = j^*$ などと合わせて）Cuntz 環 O_2 が A の部分環として含まれることを導く．

テンソル圏に対する付加的な構造として，双対対象と並び重要なのが braiding の概念である．Braiding とは，X と Y に関して自然な同型射の族 $c_{X,Y}\colon X \otimes Y \to Y \otimes X$ で，

$$c_{X, Y \otimes Z} = \Phi^{-1}(\iota_Y \otimes c_{X,Z}) \Phi (c_{X,Y} \otimes \iota_Z) \Phi^{-1},$$
$$c_{X \otimes Y, Z} = \Phi (c_{X,Z} \otimes \iota_Y) \Phi^{-1} (\iota_X \otimes c_{Y,Z}) \Phi$$

が成り立つようなものである．また，$c_{Y,X} c_{X,Y} = \iota_{X \otimes Y}$ となる場合を対称な braiding と呼ぶ．

C^* テンソル圏のようにユニタリ射の概念が定式化できる場合には，braiding の条件にユニタリ性を課すことも普通である．Fusion 圏の場合にはこの制約は本質的ではない [Müg03a] が，そうでない場合には，$q > 0$ に関する q 変形量子群のユニタリ表現の圏などのように，braiding は存在してもユニタリ braiding は存在しないような C^* テンソル圏も存在する．実際，C^* テンソル圏におけるユニタリ braiding の存在は従順性と呼ばれる条件を導くことが知られている [LR97].

以上のような braiding で対称なものを持つテンソル圏の代表的な例がコンパクト群の表現圏である．この場合には，ファイバー関手と対称 braiding の整合性の条件が淡中–Krein 双対性の基礎をなしているのだった．実はより強く，Doplicher–Roberts [DR89]（C^* テンソル圏の枠組みで，braiding と standard conjugate solution の整合性を仮定して）や Deligne [Del90]（標数 0 の代数的な枠組みで，ただし次元関数が自然数に値をとることを仮定して）によって，対称な braiding と双対対象の構造射との間に整合性があるようなテンソル圏は，あらかじめファイバー関手の存在を仮定しなくても，コンパクト群や pro-代数群の表現圏と見なせることが知られている．

例 8.3（準 Hopf 環の表現圏） 4.4 節で現れた準 Hopf 環 $(H, \Delta, \epsilon, \Phi)$ については，H 加群の K ベクトル空間としてのテンソル積に Δ を通じて H 加群の構造

を定める構成を $\otimes$ とし, Φ の作用を associator と見なすことによって H 加群の圏が rigid 圏の構造を持つことがわかる. また, この圏が braiding を持つということは H が準三角準 Hopf 環の構造を持つということと同じであることに注意しておこう. Hopf 環の場合と同じように, H 加群 M, N に対する braiding の作用は R 行列の作用とテンソル成分の入れ替えの合成

$$c_{M,N}\colon M\otimes N \to N\otimes M, \quad x\otimes y \mapsto R(y\otimes x)$$

によって与えられている.

8.2 Fusion 圏

テンソル圏のうちで最もよく研究が進んでいるのが,

- どんな対象も双対対象を持ち (rigid),
- 既約分解が可能で (半単純),
- 既約な対象の同型類の種類が有限である

という条件を満たす, fusion 圏と呼ばれる概念である. このような強い半単純性・有限性を仮定した fusion 圏は様々な種類の代数的構造との間に良い双対性を持つことが知られている. ここでは弱 Hopf 環と部分因子環の理論について簡単に紹介しよう.

例 8.4 (弱 Hopf 環) 弱 Hopf 環 (face algebra, 面代数) とは, 結合的 K 代数の構造 $m\colon H\otimes H \to H, 1\in H$ と余結合的 K 余代数の構造 $\Delta\colon H \to H\otimes H$, $\epsilon\colon H \to K$, および "antipode" 写像 $S\colon H \to H$ で

- Δ は m に関する準同型写像であり

$$(\Delta\otimes\iota)\Delta(1) = (\Delta(1)\otimes 1)(1\otimes\Delta(1)) = (1\otimes\Delta(1))(\Delta(1)\otimes 1),$$

- $\epsilon(xyz) = \epsilon(xy_{[1]})\epsilon(y_{[2]}z) = \epsilon(xy_{[2]})\epsilon(y_{[1]}z)$
- $S(x) = S(x_{[1]})x_{[2]}S(x_{[3]})$ かつ

$$x_{[1]}S(x_{[2]}) = \epsilon(1_{[1]}x)1_{[2]}, \quad S(x_{[1]})x_{[2]} = \epsilon(x1_{[2]})1_{[1]}$$

が成り立っているものであり, 量子群を表す Hopf 環の概念を「量子亜群」を表すものへと一般化したものと見なすことができる.

7.2 節で解説したことの類似により，K 上の半単純テンソル圏 $\mathcal{C}$ と K ベクトル空間の圏へのテンソル関手 $F: \mathcal{C} \to \text{Vect}_K$ からは，淡中–Krein 構成により $\mathcal{C} \simeq \text{Rep}\, G$ となるような量子群 G が構成できるのだった．$\mathcal{C}$ の別の半単純な圏 $\mathcal{D}$ への「作用」を考えると，ファイバー関手 $F: \mathcal{C} \to \text{Vect}_K$ の代わりに対応するテンソル関手 $\mathcal{C} \to \text{End}(\mathcal{D})$ が得られることになるが，これに対し淡中–Krein 構成と同様の議論を行うことで弱 Hopf 環が得られる．$\mathcal{C}$ は，例えば $\mathcal{C}$ 自身にテンソル積の構造を用いて作用しているので，どんな fusion 圏も有限次元の弱 Hopf 環の線形表現の圏として表せることが従う [Hay99]．

例 8.5（部分因子環） Fusion 圏の概念は部分因子環の理論においても非常に重要な役割を果たす．この理論における主な対象は II_1 型因子環[6]と呼ばれる種類の作用素環の包含 $N \subset M$ である．M が N 加群として有限生成ならば，両側 N 加群としての M が生成する両側 N 加群はすべて N 上（どちらからの作用に関しても）有限生成射影加群になり，それらがなすテンソル圏 $\mathcal{C}_{N \subset M}$ （および，同様に得られる N-M 加群，M-N 加群，両側 M 加群の圏）のふるまいは代数的に捉えられる．

$\mathcal{C}_{N \subset M}$ は N 加群の Hilbert 空間としての実現から来る C^* 圏の構造を持つが，さらにテンソル圏としての構造と合わせると rigid C^* テンソル圏の構造が自然に定まっていることがわかる．Ocneanu らの理論により，$\mathcal{C}_{N \subset M}$ が fusion 圏になる場合には，上記の圏たち[7]が包含 $N \subset M$ の構造を本質的に決定していることが知られている．

また，Jones, Ocneanu らを始めとする部分因子環の分類の過程で，Hopf 環由来でないような fusion 圏の例が発見されたことにも注意しておこう．q が 1 のべき根の場合の fusion 圏 $\text{Rep}\,\text{SU}_q(2)$ [8]は「M の N 上の次元」である指数 $[M:N]$ が 4 より小さい場合の，最も基本的な例として現れた．また，今のところ量子群との直接の対応が無いように思われる [AH99] の例も興味深い．

---

[6] トレース条件 $\tau(xy) = \tau(yx)$ を満たす状態汎関数をちょうど一つ持つような無限次元の von Neumann 環のこと．実はここで考えている設定ならば，個々の環については $(M_2(\mathbb{C}), \text{tr})$ の無限個のテンソル積で生成されるものと同型なものを考えれば十分であることが知られている．

[7] これらの圏をまとめて考えたものは，二つの点を 0-cell とする 2-category $(\mathcal{C}_{00}, \mathcal{C}_{01}, \mathcal{C}_{10}, \mathcal{C}_{11})$ の構造を持つ．

[8] より正確には，$U_{\frac{1}{2}}$ の偶数次のべきの部分対象として現れるものを $\mathcal{C}_{00}$ や $\mathcal{C}_{11}$ とし，奇数次のべきに現れるものを $\mathcal{C}_{01}$ や $\mathcal{C}_{10}$ とする 2-category．

例 8.6（丹原–山上圏） Fusion 圏の枠組みにおいて新たに現れた例として，丹原–山上 [TY98] による以下のような構成がある．可換群 A，非退化な対称 2 次形式 $\chi\colon A\times A\to K^\times$，および K における $|A|^{-1}$ の平方根 τ をもとにした fusion 圏 $\mathcal{C}$ で，

- $\mathcal{C}$ の既約な対象の同型類が $A\amalg\{m\}$ により与えられる
- $\mathcal{C}$ のテンソル積は，対象のレベルでは

$$a\otimes b\simeq ab,\quad a\otimes m\simeq m\otimes a\simeq m,\quad m\otimes m\simeq \bigoplus_{a\in A} a$$

を満たす（a,b は A の元）

となっており，associator が

- $(a\otimes m)\otimes b\to a\otimes(m\otimes b)$（どちらも対象としては m）は $\chi(a,b)\iota_m$ によって，
- $(m\otimes m)\otimes m\to m\otimes(m\otimes m)$（どちらも対象としては $\bigoplus_{a\in A} m$）は行列 $(\tau\chi(a,b)^{-1}\iota_m)_{a,b}$ によって

によって特徴付けられるものである．また，この構成は $\mathcal{C}=\mathcal{C}_0\oplus\mathcal{C}_1$ という $\mathbb{Z}_2$ 次数付けを持つ fusion 圏で

- $\mathcal{C}_0$ の既約な対象はすべてテンソル積に関して可逆（X が既約ならば $X\otimes Y\simeq 1_{\mathcal{C}}\simeq Y\otimes X$ となる Y がある）
- $\mathcal{C}_1$ の既約な対象の同型類は一つ

という性質を持つものの分類を与えている．

最後に，例 8.2 で紹介したような，環の自己準同型のなすテンソル圏の考え方が弱 Hopf 環と類似の普遍的なテンソル圏の実現を与えることを解説しよう．テンソル圏 $\mathcal{C}$ と対象 $X\in\mathcal{C}$ が与えられたとき，

$$A_X=\bigoplus_{k=-\infty}^{\infty}\varinjlim_a \mathcal{C}(X^{\otimes a},X^{\otimes a+k})$$

に自然な積の構造を入れたものは射の合成を積として環の構造を持つ．ただし，$\mathcal{C}(X^{\otimes m},X^{\otimes n})$ から $\mathcal{C}(X^{\otimes m+1},X^{\otimes n+1})$ への $T\mapsto T\otimes\iota_X$ という包含写像についての合併を考える，というのが $\varinjlim$ の部分の意味である．この環上では自己準

同型 $\rho_X(T) = \iota_X \otimes T$ を考えることができ，$X^{\otimes n} \mapsto \rho_X^n$ という対応をもとにして X の生成する $\mathcal{C}$ の部分テンソル圏から $\mathrm{End}(A_X)$ へのテンソル関手を考えることができる．実は，$\mathcal{C}$ が C*-fusion 圏で X が十分大きな対象ならば，この構成はテンソル同値を与えている．

例 8.7 ($\mathrm{Rep}\,\mathrm{SU}_q(2)$ **の自己準同型による実現**) 上で説明したことの特別な場合として，q が 1 のべき根のときの fusion 圏 $\mathrm{Rep}\,\mathrm{SU}_q(2)$ のモデルが無限次元の非可換環の自己準同型が生成するテンソル圏として与えられることになるが，この場合には対応する環や自己準同型を以下のような形で具体的に表すことができる．

A_n 型グラフ Γ の頂点を端から順に $v_1, v_2, \ldots, v_n$ としよう．さらに，Γ 上の経路 (path) で，頂点 v_1 から出発して頂点 v_i に至る長さ k のものを集めた集合を $\Omega_{v_i}^{(k)}$，それらの v_i に関する和集合 (v_1 を始点とする長さ k の経路全体) を $\Omega^{(k)}$，「長さ無限大」の経路の集合 $\varinjlim \Omega^{(k)}$ を Ω と書くことにする．Ω の元 ξ は，Γ の頂点の無限列 $(\xi_1, \xi_2, \ldots)$ で $\xi_1 = v_1$ かつ ξ_{i+1} は ξ_i の隣の頂点になっているようなもの，として表されるものである．Ω 上の同値関係 $\sim$ を，$\xi \sim \eta$ であるとは $\xi_{p+k} = \eta_{q+k}$ ($k \in \mathbb{N}$) が成り立つような p, q が存在すること，として定める (p と q は違っていてもよい)．我々が捉えたい C* 環 $A_{X_{1/2}}$ は，この同値関係が定める環である．

各 p, q について形式的な行列要素 $e_{\xi, \eta}$ ($\xi \in \Omega_{v_i}^{(p)}, \eta \in \Omega_{v_i}^{(q)}$) を基底とする線形空間

$$A_{p,q} = \bigoplus_{i=1}^{n} \mathbb{C}\langle e_{\xi, \eta} \mid \xi \in \Omega_{v_i}^{(p)}, \eta \in \Omega_{v_i}^{(q)} \rangle$$

を考えると，これらは

$$A_{p,q} \to A_{p+1, q+1}, \quad e_{\xi, \eta} \mapsto \sum_{\substack{\xi' = (\xi_1, \ldots, \xi_p, v_i) \\ \eta' = (\eta_1, \ldots, \eta_q, v_i)}} e_{\xi', \eta'}$$

という埋め込み (v_i は $\xi_p = \eta_p$ に隣接している頂点を動く) により一連の増大列をなしている．各 $k \in \mathbb{Z}$ について $A_k = \varinjlim_p A_{p+k, p}$ と置くと，直和 $A = \bigoplus_k A_k$ は行列要素同士の積

$$A_{p,q} \times A_{q, q'} \to A_{p, q'}, \quad (e_{\xi, \eta}, e_{\xi', \eta'}) \mapsto \delta_{\eta, \xi'} e_{\xi, \eta'}$$

が誘導する積と，$e_{\xi, \eta}^* = e_{\eta, \xi}$ が誘導する $*$ 構造を持つ．A_0 は A の部分環にな

り[9]，有限次元環 $A_{p,p}$ たちの合併として一意に定まる C* 環としての完備化 B_0 を持っている．また，A 自身も A_0 への直交射影を通じて C* 環 B へと完備化することができる．

次に，$\mathrm{End}(A)$ の中で $X_{1/2} \in \mathrm{Rep}\,\mathrm{SU}_q(2)$ に対応するべき自己準同型 ρ がどのように与えられるのかを考えよう．Γ の頂点への重み付け $w_1, w_2, \ldots, w_n$ を，

$$w_i = [i]_{e^{\pi\sqrt{-1}/(n+1)}} = \frac{\sin(\frac{i\pi}{n+1})}{\sin(\frac{\pi}{n+1})}$$

によって[10]与える：

$$\underset{v_1}{\underset{\circ}{w_i\colon 1}}\!\!-\!\!\underset{v_2}{\underset{\circ}{2\cos(\frac{\pi}{n+1})}}\!\!\cdots\!\!\underset{v_n}{\underset{\circ}{1}}\,.$$

さらに $\lambda = w_2 = 2\cos(\pi/(n+1))$ とし，各 k について $A_{k+2,k}$ の元 S_k を $S_1 = e_{(v_1,v_2,v_1),(v_1)}$，

$$S_k = \sum_{i,j,\xi \in \Omega_{v_i}^{(k)}} \sqrt{\frac{w_j}{\lambda w_i}}\, e_{(\xi_1,\ldots,\xi_k,v_j,\xi_k),\xi}$$

として定める（v_j は $v_i = \xi_k$ に隣接しているものを考える）．$(w_j)_j$ が Γ の隣接行列の固有ベクトルである，という事実から S_k は isometry ($S_k^* S_k = 1$) になり，$S_k^* S_{k+1} = \frac{1}{\lambda}$ を満たしている．これは，射影 $e_k = S_k S_k^*$ が

$$e_k e_{k\pm 1} e_k = \frac{1}{\lambda^2} e_k, \quad e_i e_j = e_j e_i\ (|i-j| > 1)$$

を満たすということを導くが，実は B_0 は射影 $e_1, e_2, \ldots$ からこれらの関係によって普遍的に定まる環になっており，$\rho\colon e_k \mapsto e_{k+1}$ という対応が B_0 の自己準同型を定めている．また，A の閉包 B は B_0 の準同型

$$\sigma\colon B_0 \to e_1 A_0 e_1, \quad e_k \mapsto e_1 e_{k+2} = S_1 e_k S_1^*$$

に関するクロス積 $B_0 \rtimes_\sigma \mathbb{N}$ と呼ばれる環になっている [Rør95]．より一般に，

---

[9] これは「十分大きな n について $\xi_n = \eta_n$」という規則によって定まる同値関係 $\xi \sim_0 \eta$ が定める環である．

[10] この重み付けは，各 v_i について隣接する頂点の重みを足したものと元の重みの比 $(w_{i-1} + w_{i+1})/w_i$ が，i によらない一定の数 λ である，という仮定から導かれる．また，このときの λ (A_n 型グラフのグラフノルム) は $2\cos(\pi/(n+1))$ である．

$S_k, e_{k+1}, e_{k+2}, \ldots$ が生成する C^* 環が同様の構造を持つことから，B の自己準同型として，$\rho(S_k) = -S_{k+1}$ によって特徴付けられるものを考えることができる．このとき $R = \sqrt{\lambda} S_1$ は $\mathrm{Mor}(\iota, \rho^2)$ の元であり，3.4 節で紹介した形の共役方程式

$$R^* \rho(R) = -1 = \rho(R^*) R, \quad R^* R = e^{\frac{\pi \sqrt{-1}}{n+1}} + e^{-\frac{\pi \sqrt{-1}}{n+1}} = 2 \cos \frac{\pi}{n+1}$$

の解になっていることがわかる．このことからも推測できるように，$\mathrm{End}(B)$ 内で ρ が生成する C^* テンソル圏は $q = e^{\frac{\pi \sqrt{-1}}{n+1}}$ に関する $\mathrm{Rep}\, \mathrm{SU}_q(2)$ とテンソル同値になっている．また，同様にして $\rho(S_k) = S_{k+1}$ という自己準同型を考えたときに得られるのが $q = -e^{\frac{\pi \sqrt{-1}}{n+1}}$ に関するテンソル圏 $\mathrm{Rep}\, \mathrm{SU}_q(2)$ である．

8.3　Drinfeld 圏と q 変形量子群

Knizhnik–Zamolodchikov 方程式は共形場の理論において primary 場（頂点作用素）と呼ばれる種類の場の相関関数が満たす方程式として導入された [KZ84]．その文脈ではアフィン Lie 環の表現を用いて定式化するのが普通だが，ここでは以下のように有限次元単純 Lie 環 $\mathfrak{g}$ の表現を用いたもの [Koh87, Dri89] を考えることにする．$\mathfrak{g}$ の Killing 形式に関する正規直交基底 $(x_i)_i$ によって与えられるテンソル $\sum_i x_i \otimes x_i \in \mathfrak{g} \otimes \mathfrak{g}$ を t と書き，$\mathfrak{g}$ 加群 $V_1, \ldots, V_n$ に対して $V_1 \otimes \cdots \otimes V_n$ の第 i 成分と第 j 成分への t の作用を t_{ij} と表すことにする．このとき，互いに異なる n 個の複素数たちのなす空間

$$Y_n = \{(z_1, \ldots, z_n) \mid z_i \in \mathbb{C},\ z_i \neq z_j\ (i \neq j)\}$$

から $V_1 \otimes \cdots \otimes V_n$ への関数 v に関する偏微分方程式

$$\frac{\partial v}{\partial z_i} = \hbar \sum_{j \neq i} \frac{t_{ij}}{z_i - z_j} v \quad (1 \leq i \leq n)$$

が Knizhnik–Zamolodchikov 方程式（KZ_n 方程式）である．

この方程式は $V_1 \otimes \cdots \otimes V_n$ をファイバーとする Y_n 上のベクトル束の正則平坦接続を表しており，この接続に関する平行移動を考えることで Y_n の基本群である pure braid 群のモノドロミー表現[11]を考えることができる．特に $n = 3$ の場

---

[11] $V_1 = \cdots = V_n$ ならばさらに Y_n / S_n 上のベクトル束の切断を考えることができるので，Y_n / S_n の基本群である braid 群 B_n のモノドロミー表現も考えられる．

合に「$z_1 = z_2$」という極限から「$z_2 = z_3$」という極限へのモノドロミー作用を考えることで，以下のようにして associator $\Phi_{\mathrm{KZ}} = \Phi(\hbar t_{12}, \hbar t_{23})$ が構成できる．

初めのポイントは，補助関数 $w(z)$ によって

$$v(z_1, z_2, z_3) = (z_3 - z_1)^{\hbar(t_{12} + t_{23} + t_{13})} w\left(\frac{z_2 - z_1}{z_3 - z_1}\right)$$

と表される場合に，v についての KZ$_3$ 方程式が

$$w'(z) = \hbar\left(\frac{t_{12}}{z} + \frac{t_{23}}{z-1}\right) w(z)$$

に帰着できるということである．w が $\mathrm{End}_{\mathfrak{g}}(V_1 \otimes V_2 \otimes V_3)$ に値をとるものとしてこの方程式を考えたとき，上の形から $\hbar$ が有理数でなければ，解 $G_0(x)$ で，$G_0(x) x^{\hbar t_{12}}$ が原点の近傍で正則かつ $x = 0$ で 1 となるようなものが一意的に存在することがわかる．また，$G_1(1-x) x^{-\hbar t_{23}}$ が正則かつ $x = 0$ で 1 となる解 $G_1(x)$ も一意的に存在し，解の一意性から $\Phi_{\mathrm{KZ}} = G_1(x)^{-1} G_0(x)$ は x の選択に依存しない $\mathrm{End}_{\mathfrak{g}}(V_1 \otimes V_2 \otimes V_3)$ の元を定めている．

KZ$_4$ 方程式に関する考察から Φ_{KZ} についての五角形等式が従い，さらに $q = e^{\pi\sqrt{-1}\hbar}$ について KZ$_4$ 方程式から Φ_{KZ} と q^t に関する六角形等式も得られる．こうして有限次元 $\mathfrak{g}$ 加群の圏に associator として Φ_{KZ} を，braiding として σq^t の作用（σ はテンソル成分の入れ替え $\xi \otimes \eta \to \eta \otimes \xi$）を考えて braided テンソル圏と見なしたものを Drinfeld 圏 $\mathcal{D}_\hbar$ と呼ぶ．

Drinfeld [Dri89], Kazhdan–Lusztig [KL93, KL94a, KL94b], および Etingof–Kazhdan [EK08] らの結果により，$\mathcal{D}_\hbar$ は $\mathcal{U}_q(\mathfrak{g})$ の admissible 有限次元表現のなすテンソル圏 $\mathcal{C}_\hbar$ と同値であることが知られている．また，$\mathcal{D}_\hbar$ における braiding は $\mathcal{U}_q(\mathfrak{g})$ の普遍 R 行列が定める braiding と同一視される．Kazhdan–Lusztig による証明のポイントは，$\mathcal{U}(\mathfrak{g})$ を $\mathcal{D}_\hbar$ の対象と見なしたもの M（厳密には $\mathcal{D}_\hbar$ の対象ではなく，適切な完備化における対象と見なすべきだが）が $\mathcal{D}_\hbar$ における comonoid の構造

$$\delta: M \to M \otimes M, \quad \epsilon: M \to \mathbb{C}$$

を持ち，さらにこの comonoid 構造と整合性を持つような $\mathcal{U}_q(\mathfrak{g})$ の作用が $\mathcal{D}_\hbar$ における射を使って定められるということである．このような構造を見つけられれば，$\mathcal{D}_\hbar$ から有限次元ベクトル空間の圏への関手 $X \mapsto \mathrm{Hom}_{\mathfrak{g}}(M, X)$ が $\mathcal{C}_\hbar$ を経

由するテンソル関手になっている．さらに $\hbar$ が虚軸に属する（q が実数である）場合は Φ_{KZ} はユニタリになり，$\mathcal{D}_\hbar$ と $\mathcal{C}_\hbar$ の間の同値は C^* テンソル圏の間の同値として成立する [NT11]．

アフィン Lie 環との関係については，以下のようなことが知られている．$\mathfrak{g}$ の双対 Coxeter 数を $\check{h}$，最長 root と最短 root の比の 2 乗を m と書くことにする．$\mathbb{C} \setminus \mathbb{Q}$ に属するパラメーター κ を考えたとき，level $\kappa - \check{h}$ の highest weight 既約表現による組成列を持つ $\hat{\mathfrak{g}}$ 加群の間に新たなテンソル積の構造を与えたもののなす圏 $\mathcal{O}_\kappa$ は，$\hbar = \frac{1}{m\kappa}$ についての $\mathcal{D}_\hbar$ や $\mathcal{C}_\hbar$ とテンソル圏として同値になる [KL94a, KL94b, Lus94, Fin96]．

8.4　1 のべき根におけるモデル

G が単純 Lie 群で q が 1 のべき根の場合には，G_q の表現を捉えるためのモデルとして $\mathcal{U}_q(\mathfrak{g})$ の部分環である restricted algebra $\mathcal{U}_q^{\mathrm{res}}(\mathfrak{g})$ を考える必要がある．まず q を変数と考えて，生成元 $X_i^+ = K_i^{-\frac{1}{2}} E_i$, $X_i^- = F_i K_i^{\frac{1}{2}}$ たちのべき乗を q 階乗数で割ったもの $(X_i^+)^{(r)} = X_i^+/[r]_{q_i}!$, $(X_i^-)^{(r)} = X_i^-/[r]_{q_i}!$ たちを考える．このとき，$(X_i^+)^{(r)}, (X_i^-)^{(r)}, K_i^{\pm 1}$ で生成される $\mathcal{U}_q(\mathfrak{g})$ の $\mathbb{Z}[q, q^{-1}]$ 部分代数 $\mathcal{U}_{\mathbb{Z}[q,q^{-1}]}^{\mathrm{res}}$ は $\mathcal{U}_{\mathbb{Z}[q,q^{-1}]}^{\mathrm{res}} \otimes_{\mathbb{Z}[q,q^{-1}]} \mathbb{C}(q) \simeq \mathcal{U}_q(\mathfrak{g})$ を満たしており，restricted integral form と呼ばれる．Restricted integral form の関係式において q を 1 のべき根 ϵ とし，さらに有理数を添加したもの，つまり $\mathcal{U}_{\mathbb{Z}[q,q^{-1}]}^{\mathrm{res}} \otimes_{\mathbb{Z}[q,q^{-1}]} \mathbb{Q}(\epsilon)$ がここで中心となる代数系 $\mathcal{U}_\epsilon^{\mathrm{res}}(\mathfrak{g})$ である．

ϵ の位数 ℓ が $\mathfrak{g}$ の Coxeter 数より大きい奇数[12]という仮定のもとで，$\mathcal{U}_\epsilon^{\mathrm{res}}(\mathfrak{g})$ の有限次元表現は正 weight の部分集合 (fundamental alcove, principal alcove)

$$\mathcal{C}_\ell = \{\lambda \in P^+ \mid \forall \alpha \in \Delta^+ : (\lambda + \rho, \check{\alpha}) < \ell\}$$

に属する weight についての「既約 highest weight 表現」(Weyl 加群) によって分解することができる．より正確には，admissible 表現に対応する，$\mathcal{U}_\epsilon^{\mathrm{res}}(\mathfrak{g})$ の有限次元表現 V で V も V^* も Weyl 加群による組成列を持つもの (tilting module) たちを考え，さらに自己準同型環が量子トレース写像の核に含まれているような

---

[12] G_2 型の場合はさらに 3 で割り切れないということも仮定する．

加群を無視することによって得られる圏が, $\mathcal{C}_\ell$ の元を "highest weight" とするような既約対象たちによって生成される fusion 圏になっている [CP95]. Fusion 圏の理論の文脈ではこの圏のことを ($q = \epsilon$ に関する) $\text{Rep}\, G_q$ と書く.

ϵ の位数 ℓ が偶数のときにも類似の現象が起きているが, fundamental alcove の条件は, $\ell' = \ell/2$ が m で割り切れれば highest root α について $(\lambda + \rho, \check{\alpha}) < m\ell'$, 割り切れなければ highest short root α について $(\lambda + \rho, \check{\alpha}) < \ell'$ というものになる [AP95].

こうしてできた fusion 圏 $\text{Rep}\, G_q$ は, $\text{Rep}\, G$ を fundamental alcove $\mathcal{C}_\ell$ で「打ち切った」ような構造をしている. したがって G の定義表現にあたる対象のテンソル積に関するべき乗の既約分解は, $\text{Rep}\, G$ における分岐則を表すグラフについて highest weight が $\mathcal{C}_\ell$ に属する頂点だけを考えたものによって記述されている.

例えば, 3.4 節で現れた $\text{Rep}\, \text{SU}_q(2)$ における $X_{\frac{1}{2}}$ の fusion graph A_n は, $\text{SU}(2)$ の表現としての半スピン表現の fusion graph A_∞ (半直線状のグラフ) を有限の長さに打ち切ったものである. また, $\text{Rep}\, \text{SU}_q(3)$ の既約対象を頂点とし, 既約対象と「基本表現」のテンソル積をとったときにどの既約対象が現れるかを向き付きの辺で表したグラフは図 8.1 のようになる.

図 8.1 $\text{Rep}\, \text{SU}_q(3)$ における分岐則を表すグラフ

さらに, Perron–Frobenius 理論による重要な帰結として, q が 1 のべき根の場合には $\text{Rep}\, G_q$ からベクトル空間のテンソル圏へのファイバー関手が存在せず, この圏を Hopf 環の表現の圏の形に表すことはできないということも言える. これは, $\text{Rep}\, G_q$ の対象を実現するためには, 有限次元ベクトル空間の枠組みをいったん離れ, 上記のような tilting module や部分因子環などの無限次元の対象を経由することが本質的に必要になるということを示唆している.

一番基本的な場合として, $G = \text{SL}(n)$ で q が 1 の奇数次のべき根でない場合には, Kazhdan–Wenzl [KW93] によって $\text{Rep}\, \text{SL}_q(n)$ と同じテンソル積の分岐

則を持つ fusion 圏や半単純テンソル圏が分類されている．また，一般に単純 Lie 群 G と $q = e^{\sqrt{-1}\pi/(ml)}$ (m は以前と同様，$h^\vee \leq l$) について，$\mathrm{Rep}\, G_q$ はユニタリ braiding を持った C^* テンソル圏になることも知られている [Wen98].

さらに，アフィン Lie 環の表現で level が有理数になるものについても tilting module の概念を定式化することができる．前節で述べた $\mathcal{C}_\hbar$ と $\mathcal{O}_\kappa$ の関係は，κ が 0 でない有理数の場合にも tilting module を用いたものについて同様の対応が成立することが知られている [KL94a, KL94b, Lus94, Fin96].

8.5 Modular 圏

Braiding を持つ fusion 圏で，対称な場合と対極にあるのが，spherical かつ付随する S 行列が可逆になるという条件を満たす modular 圏である.

ここで新しく現れた用語について簡単に説明しよう．Spherical なテンソル圏 $\mathcal{C}$ とは，右双対対象の構造射 $d\colon 1_\mathcal{C} \to X^* \otimes X$, $e\colon X \otimes X^* \to 1_\mathcal{C}$ と左双対対象の構造射 $d'\colon 1_\mathcal{C} \to X \otimes {}^*X$, $e'\colon {}^*X \otimes X \to 1_\mathcal{C}$ が

$$e'(T \otimes \iota)d = e(\iota \otimes T)d' \quad (T \in \mathrm{End}_\mathcal{C}(X))$$

を満たすようなものである．この共通の値を $\mathrm{Tr}_X(T)$ と書くことにすると，これは $T \in \mathcal{C}(Y, X)$, $U \in \mathcal{C}(X, Y)$ についてトレース条件 $\mathrm{Tr}_X(TU) = \mathrm{Tr}_Y(UT)$ を満たすことがわかる．Braiding $(c_{X,Y})_{X,Y}$ を持つ spherical な fusion 圏 $\mathcal{C}$ について，$\mathcal{C}$ における既約な対象の代表系を $(X_i)_{i \in I}$ と書いたとき，

$$S_{i,j} = \mathrm{Tr}_{X_i \otimes X_j}(c_{X_j, X_i} c_{X_i, X_j}) \quad (i, j \in I)$$

によって定められる行列 $(S_{i,j})_{i,j \in I}$ が $(\mathcal{C}, c)$ の S 行列である．この S 行列が可逆であるということと，

$$\dim \mathcal{C} = \sum_i (\mathrm{Tr}_{X_i}(\iota_{X_i}))^2$$

が 0 でなく，さらにすべての $Y \in \mathcal{C}$ について $c_{Y,X} c_{X,Y} = \iota_{X \otimes Y}$ が成り立つような X は $1_\mathcal{C}$ のいくつかの直和に限られる，という条件が同値になる [Reh90, Bru00, BB01]．また，modular 圏の場合 S の成分は円分体に属し [CG94]，S^2 は定数行列になることが知られている．

Modular 圏の例で最も重要なのが，q が 1 の「よい」べき根の場合の $\mathrm{Rep}\, G_q$

である．また，Hopf 環の Drinfeld double の構成に対応する Drinfeld center という構成は braiding を持つテンソル圏を与えるが，特に spherical fusion 圏の Drinfeld center を考えれば modular 圏が得られる [Müg03b, ENO05]．この Drinfeld center とは，テンソル圏 $\mathcal{C}$ に対し $X \in \mathcal{C}$ および自然な同型の族 $c_Y \colon Y \otimes X \to X \otimes Y$ $(Y \in \mathcal{C})$ で

$$c_{Y \otimes Z} = (c_Y \otimes \iota)\Phi^{-1}(\iota \otimes c_Z)$$

を満たすようなもの組 (X, c) たちを考えて得られる圏である．(X, c) と (X', c') のテンソル積を，対象 $X \otimes X'$ と射の族

$$\Phi^{-1}(\iota \otimes c'_Y)\Phi(c_Y \otimes \iota)\Phi^{-1} \colon Y \otimes (X \otimes X') \to (X \otimes X') \otimes Y$$

によって定めれば，Drinfeld center もテンソル圏の構造を持つことがわかる．$\mathcal{C}$ が有限次元半単純 Hopf 環 H の加群のなす圏ならば，$\mathcal{C}$ の Drinfeld center は $D(H)$ 加群の圏とテンソル同値になっている．

Spherical な圏 $\mathcal{C}$ に braiding c が与えられたとき，

$$\theta_X = (\mathrm{Tr}_X \otimes \iota)(c_{X,X}) \in \mathrm{End}_\mathcal{C}(X)$$

によって定められる自己準同型射の族 $(\theta_X)_X$ を ribbon という．Ribbon は

$$\theta_{X \otimes Y} = (\theta_X \otimes \theta_Y) c_{Y,X} c_{X,Y}$$

という関係を満たしており，特に，恒等関手と $c_{Y,X} c_{X,Y}$ によって与えられる $\mathcal{C}$ から $\mathcal{C}$ へのテンソル関手が恒等テンソル関手と自然に同型であるということを導いている．

$\mathcal{C}$ が spherical な圏の場合，上のような $(X_i)_{i \in I}$ について θ_{X_i}（これは X_i の既約性から ι_{X_i} の定数倍になる）たちを対角成分とする対角行列 T を考えると，$(ST)^3$ は定数行列になる．このことから，

$$\begin{pmatrix} 0 & -1 \\ 1 & 0 \end{pmatrix} \mapsto S, \quad \begin{pmatrix} -1 & 1 \\ 0 & -1 \end{pmatrix} \mapsto T$$

という対応を考えると $SL(2, \mathbb{Z})$ の射影表現が得られる[13]ことがわかる．

より一般的に，modular 圏の構造からは 3 次元の位相的量子場の理論が得られ

---

[13] $SL(2, \mathbb{Z})$ の中心による商群 $PSL(2, \mathbb{Z})$ は 2 次の巡回群と 3 次の巡回群の自由積 $C_2 * C_3$ に同型であるため．

る [RT91] ことが知られている．一方で，位相的量子場の理論からは閉曲面の写像類群の射影表現が得られるが，上の $\mathrm{SL}(2,\mathbb{Z})$ の射影表現は特にトーラスの写像類群について誘導されるものに他ならない．

8.6 ノート

テンソル圏の一般論については [Mac98] が標準的な文献である．量子群との関係については [Kas95] に簡潔にまとめられている．また，fusion 圏の構造については [ENO10, Müg10] にまとめられている．Fusion 圏と量子場の理論の関係については [BK01, Tur10b, Tur10a] などを，C^* テンソル圏については [Yam04, 山上 07, NT13] などを参照のこと．また，正標数の体や，より一般の係数を考えた場合については [DM82] を参照せよ．

部分因子環や sector の理論については [EK98, Bis+15] を参照せよ．部分因子環の理論では double triangle algebra [BEK00] という概念が知られていたが，これも weak Hopf 環の構造を持つことが知られている [PZ01]．

q が 1 のべき根の場合に $\operatorname{Rep} G_q$ がいつ modular となるか，などの構造論については [Row06] にまとめられている．また，$\operatorname{Rep} \operatorname{SU}_q(n)$ と共形場の理論との関係については [Was98] を参照せよ．

Knizhnik–Zamolodchikov 方程式はもともと共形場の理論の枠内で定式化されたが，数学的な取り扱いは [TK88] ($\widehat{\mathfrak{sl}_2}$ の場合) に始まる．この理論については [EFK98] を参照のこと．

参考文献

[AH99]   M. Asaeda, U. Haagerup. "Exotic subfactors of finite depth with Jones indices $(5+\sqrt{13})/2$ and $(5+\sqrt{17})/2$". *Comm. Math. Phys.* **202** (1) (1999), pp. 1–63.

[AP95]   H. H. Andersen, J. Paradowski. "Fusion categories arising from semisimple Lie algebras". *Comm. Math. Phys.* **169** (3) (1995), pp. 563–588.

[BB01]   A. Beliakova, C. Blanchet. "Modular categories of types B, C and D". *Comment. Math. Helv.* **76** (3) (2001), pp. 467–500.

[BEK00]   J. Böckenhauer, D. E. Evans, Y. Kawahigashi. "Chiral structure of modular invariants for subfactors". *Comm. Math. Phys.* **210** (3) (2000), pp. 733–784.

[Bis+15]   M. Bischoff et al.. *Tensor categories and endomorphisms of von Neumann algebras—with applications to quantum field theory*. Springer Briefs in Mathematical Physics 3. Springer, Cham, 2015.

[BK01]   B. Bakalov, A. Kirillov Jr.. *Lectures on tensor categories and modular functors*. University Lecture Series 21. American Mathematical Society, Providence, RI, 2001.

[Bru00]   A. Bruguières. "Catégories prémodulaires, modularisations et invariants des variétés de dimension 3". *Math. Ann.* **316** (2) (2000), pp. 215–236.

[CG94]   A. Coste, T. Gannon. "Remarks on Galois symmetry in rational conformal field theories". *Phys. Lett. B* **323** (3-4) (1994), pp. 316–321.

[CP95]   V. Chari, A. Pressley. *A guide to quantum groups*. Cambridge: Cambridge University Press, 1995.

[Del90]   P. Deligne. "Catégories tannakiennes". In: *The Grothendieck Festschrift, Vol. II*. Boston, MA: Birkhäuser Boston, 1990, pp. 111–195.

[DM82]   P. Deligne, J. Milne. "Tannakian categories". In: *Hodge cycles, motives, and Shimura varieties*. Berlin-New York: Springer-Verlag, 1982, pp. 101–228.

[DR89]   S. Doplicher, J. E. Roberts. "A new duality theory for compact groups". *Invent. Math.* **98** (1) (1989), pp. 157–218.

[Dri89]   V. G. Drinfel'd. "Quasi-Hopf algebras". *Algebra i Analiz* **1** (6) (1989), pp. 114–148.

[EFK98]   P. I. Etingof, I. B. Frenkel, A. A. Kirillov Jr.. *Lectures on representation theory and Knizhnik-Zamolodchikov equations*. Mathematical Surveys and Monographs 58. American Mathematical Society, Providence, RI, 1998.

[EK08]   P. Etingof, D. Kazhdan. "Quantization of Lie bialgebras. VI. Quantization of generalized Kac-Moody algebras". *Transform. Groups* **13** (3-4) (2008), pp. 527–539.

[EK98]　　　D. E. Evans, Y. Kawahigashi. *Quantum symmetries on operator algebras*. Oxford Mathematical Monographs. New York: The Clarendon Press Oxford University Press, 1998.

[ENO05]　　P. Etingof, D. Nikshych, V. Ostrik. "On fusion categories". *Ann. of Math. (2)* **162** (2) (2005), pp. 581–642.

[ENO10]　　P. Etingof, D. Nikshych, V. Ostrik. "Fusion categories and homotopy theory". *Quantum Topol.* **1** (3) (2010), pp. 209–273.

[Fin96]　　 M. Finkelberg. "An equivalence of fusion categories". *Geom. Funct. Anal.* **6** (2) (1996), pp. 249–267.

[Hay99]　　T. Hayashi. *A canonical Tannaka duality for finite seimisimple tensor categories*. preprint. 1999.

[Kas95]　　 C. Kassel. *Quantum groups*. Graduate Texts in Mathematics 155. New York: Springer-Verlag, 1995.

[KL93]　　　D. Kazhdan, G. Lusztig. "Tensor structures arising from affine Lie algebras. I, II". *J. Amer. Math. Soc.* **6** (4) (1993), pp. 905–947, 949–1011.

[KL94a]　　 D. Kazhdan, G. Lusztig. "Tensor structures arising from affine Lie algebras. III". *J. Amer. Math. Soc.* **7** (2) (1994), pp. 335–381.

[KL94b]　　 D. Kazhdan, G. Lusztig. "Tensor structures arising from affine Lie algebras. IV". *J. Amer. Math. Soc.* **7** (2) (1994), pp. 383–453.

[Koh87]　　 T. Kohno. "Monodromy representations of braid groups and Yang-Baxter equations". *Ann. Inst. Fourier (Grenoble)* **37** (4) (1987), pp. 139–160.

[KW93]　　 D. Kazhdan, H. Wenzl. "Reconstructing monoidal categories". In: *I. M. Gel′fand Seminar*. Providence, RI: Amer. Math. Soc., 1993, pp. 111–136.

[KZ84]　　　V. G. Knizhnik, A. B. Zamolodchikov. "Current algebra and Wess-Zumino model in two dimensions". *Nuclear Phys. B* **247** (1) (1984), pp. 83–103.

[LR97]　　　R. Longo, J. E. Roberts. "A theory of dimension". *K-Theory* **11** (2) (1997), pp. 103–159.

[Lus94]　　 G. Lusztig. "Monodromic systems on affine flag manifolds". *Proc. Roy. Soc. London Ser. A* **445** (1923) (1994), pp. 231–246.

[Mac98]　S. Mac Lane. *Categories for the working mathematician*. Graduate Texts in Mathematics 5. Springer-Verlag, New York, 1998.

[Müg03a]　M. Müger. "From subfactors to categories and topology. II. The quantum double of tensor categories and subfactors". *J. Pure Appl. Algebra* **180** (1-2) (2003), pp. 159–219.

[Müg03b]　M. Müger. "On the structure of modular categories". *Proc. London Math. Soc. (3)* **87** (2) (2003), pp. 291–308.

[Müg10]　M. Müger. "Tensor categories: a selective guided tour". *Rev. Un. Mat. Argentina* **51** (1) (2010), pp. 95–163.

[NT11]　S. Neshveyev, L. Tuset. "Notes on the Kazhdan-Lusztig theorem on equivalence of the Drinfeld category and the category of $U_q\mathfrak{g}$-modules". *Algebr. Represent. Theory* **14** (5) (2011), pp. 897–948.

[NT13]　S. Neshveyev, L. Tuset. *Compact quantum groups and their representation categories*. Cours Spécialisés 20. Société Mathématique de France, Paris, 2013.

[PZ01]　V. B. Petkova, J.-B. Zuber. "The many faces of Ocneanu cells". *Nuclear Phys. B* **603** (3) (2001), pp. 449–496.

[Reh90]　K.-H. Rehren. "Braid group statistics and their superselection rules". In: *The algebraic theory of superselection sectors (Palermo, 1989)*. World Sci. Publ., River Edge, NJ, 1990, pp. 333–355.

[Rør95]　M. Rørdam. "Classification of certain in finite simple C^*-algebras". *J. Funct. Anal.* **131** (2) (1995), pp. 415–458.

[Row06]　E. C. Rowell. "From quantum groups to unitary modular tensor categories". In: *Representations of algebraic groups, quantum groups, and Lie algebras*. Amer. Math. Soc., Providence, RI, 2006, pp. 215–230.

[RT91]　N. Reshetikhin, V. G. Turaev. "Invariants of 3-manifolds via link polynomials and quantum groups". *Invent. Math.* **103** (3) (1991), pp. 547–597.

[TK88]　A. Tsuchiya, Y. Kanie. "Vertex operators in conformal field theory on $\mathbf{P}^1$ and monodromy representations of braid group". In: *Conformal field theory and solvable lattice models (Kyoto, 1986)*. Academic Press, Boston, MA, 1988, pp. 297–372.

[Tur10a]　　V. Turaev. *Homotopy quantum field theory*. EMS Tracts in Mathematics 10. European Mathematical Society (EMS), Zürich, 2010.

[Tur10b]　　V. G. Turaev. *Quantum invariants of knots and 3-manifolds*. de Gruyter Studies in Mathematics 18. Berlin: Walter de Gruyter & Co., 2010.

[TY98]　　D. Tambara, S. Yamagami. "Tensor categories with fusion rules of self-duality for finite abelian groups". *J. Algebra* **209** (2) (1998), pp. 692–707.

[Was98]　　A. Wassermann. "Operator algebras and conformal field theory. III. Fusion of positive energy representations of LSU(N) using bounded operators". *Invent. Math.* **133** (3) (1998), pp. 467–538.

[Wen98]　　H. Wenzl. "C^* tensor categories from quantum groups". *J. Amer. Math. Soc.* **11** (2) (1998), pp. 261–282.

[Yam04]　　S. Yamagami. "Frobenius duality in C^*-tensor categories". *J. Operator Theory* **52** (1) (2004), pp. 3–20.

[山上 07]　　山上滋. 「作用素環とテンソル圏」. 『数学』 **59** (1) (2007), pp. 56–74.

付　録

A.1　テンソル積

ベクトル空間の「和」に相当する操作が直和空間 $V \oplus W$ であるが，「積」に相当するのがテンソル積空間 $V \otimes W$ である．この構成は多変数の多重線形写像（各変数ごとに線形性を仮定したもの）を普通の線形写像へと帰着させるものであり，量子群の理論でも重要な役割を果たす．大雑把に言えば，$V \otimes W$ は V のベクトル v と W のベクトル w の形式的な積 $v \otimes w$（分配法則を満たす）を集めて得られるベクトル空間である．以下，これをどのように形式化するかを説明することにしよう．

ベクトル空間 U, V, W について，$U \times V$ から W への双線形写像とは，U の元 u と V の元 v に関する，W に値をとる関数 $\Phi(u, v)$ で，

$$\Phi(\lambda u, v) = \lambda \Phi(u, v) = \Phi(u, \lambda v),$$

$$\Phi(u + u', v) = \Phi(u, v) + \Phi(u', v),$$

$$\Phi(u, v + v') = \Phi(u, v) + \Phi(u, v')$$

という条件を満たすものである．U と V の基底をそれぞれ $(e_i)_i, (f_j)_j$ としたとき，$(e_i, f_j)_{i,j}$ という形の対たちを基底とするベクトル空間 $Z = \bigoplus_{i,j} \mathbb{C}(e_i, f_j)$ は以下のような性質を持つ．

- 写像 $\Phi^0_{U,V}(u, v) \colon U \times V \to Z$ を

$$\Phi^0_{U,V}\Bigl(\sum_i \alpha_i e_i, \sum_j \beta_j f_j\Bigr) = \sum_{i,j} \alpha_i \beta_j (e_i, f_j)$$

によって定めたとき，$\Phi^0_{U,V}$ は双線形である．

- どんな双線形写像 $\Phi \colon U \times V \to W$ も，Z から W への線形写像 f を用いて $\Phi = f \Phi^0_{U,V}$ と表すことができる．

- このような f は一つに定まる.

これは $(Z, \Phi_{U,V}^0)$ が $U \times V$ からの双線形写像のうちで普遍的なものであるということを意味している. U や V の基底の選び方はいろいろあるので Z 自体が一つに定まるわけではないが, $(Z', \Phi_{U,V}^{0'})$ を別の基底から同様に構成したものとすると, 上の意味での普遍性から $\Phi_{U,V}^{0'} = f \Phi_{U,V}^0$ となるような可逆線形写像 $f \colon Z \to Z'$ がちょうど一つ定まる. この意味で対 $(Z, \Phi_{U,V}^0)$ は自然な同型による違いを除き一つに定まると言うことができる.

上のような Z のことを $U \otimes V$ と書き, $\Phi_{U,V}^0(u,v)$ のことを $u \otimes v$ と書く. 繰り返しになるが, $U \otimes V$ を表すベクトル空間には（自然な同型によって関連付けられる）様々な候補があり, 一つひとつの実現の方法が $U \otimes V$ のモデルを与えている, と考えるべきである. また, $g \colon U \to U'$, $h \colon V \to V'$ という線形写像が与えられたとき $\Phi_{U',V'}^0(g \otimes h)$ は $U' \otimes V'$ への双線形写像なので $\Phi_{U,V}^0(g \otimes h) = (g \otimes h)\Phi_{U,V}^0$ が成り立つような線形写像 $g \otimes h \colon U \otimes V \to U' \otimes V'$ がちょうど一つ定まる. この意味で $U \otimes V$ は U と V に関して自然な構成になっている.

こうして得られる $U \otimes V$ は $U \times V$ 上の双線形写像を統制するベクトル空間になっているが, この構成を繰り返すことで多重線形写像（双線形写像の多変数版）を統制するベクトル空間 $U_1 \otimes U_2 \otimes \cdots \otimes U_n$ を考えることもできる.

また, V, W が有限次元のときは $V \otimes W$ の双対 $(V \otimes W)^*$ が $V^* \otimes W^*$ と自然に同一視でき, $V^* \otimes W$ が V から W への線形写像の空間 $B(V, W)$ と自然に同一視できる.

このようなテンソル積空間をもとにすると, 結合的な積を持つ代数系とは, ベクトル空間 A と線形写像 $m \colon A \otimes A \to A$ で, 結合律

$$(m \otimes \iota)m = (\iota \otimes m)m$$

を満たすものによって与えられる, と定式化することができる. さらに A が有限次元ならば, m の転置写像 $\delta \colon A^* \to (A \otimes A)^* = A^* \otimes A^*$ は A^* 上の余代数の構造を与えていると見なすことができる. A が無限次元の場合には転置写像の値域の意味付けに適切な意味付けが必要になるが, 様々な文脈で同様の余代数を考えることができる.

$U^{\otimes n} = U \otimes U \otimes \cdots \otimes U$（$n$ 個の U のテンソル積）は U を変数の範囲とする n 変数多重線形写像 $\Phi(u_1, \ldots, u_n)$ たちを統制するベクトル空間だが, このよう

なもののうちで変数の入れ替えに関する一定の性質を満たすようなものを考えることも重要である．基本的な例は変数の入れ替えに関する対称性

$$\Phi(u_1,\ldots,u_n) = \Phi(u_{i_1},\ldots,u_{i_n})$$

($i_1,\ldots,i_n$ は $1,\ldots,n$ の任意の並び替え）を持ったものに関する普遍性を持つ対称積空間 $\mathrm{Sym}^n(U)$ や，反対称性

$$\Phi(u_1,\ldots,u_n) = (-1)^{|i_*|}\Phi(u_{i_1},\ldots,u_{i_n})$$

($|i_*|$ は i_* の転倒数）を持ったものに関する普遍性を持つ外積空間 $\wedge^n(U)$ である．これらは，$U^{\otimes n}$ の部分空間で上記の関係に対応するもの（対称積の場合は

$$u_1 \otimes \cdots \otimes u_n - u_{i_1} \otimes \cdots \otimes u_{i_n} \quad (u_* \in U^n,\ i_* \in S_n)$$

という形のものの線形結合）を考え，商空間をとったものとして定めることができる．$\mathrm{Sym}^n(U)$ や $\wedge^n(U)$ における $u_1 \otimes \cdots \otimes u_n$ の像のことをそれぞれ $u_1 u_2 \cdots u_n$，$u_1 \wedge u_2 \wedge \cdots \wedge u_n$ と表すが，例えば $\mathrm{Sym}^n(U)$ ならば

$$u_1 \cdots u_n = u_{i_1} \cdots u_{i_n} \quad (i_* \in S_n)$$
$$u_1 \cdots (\alpha u_j + \beta u'_j) \cdots u_n = \alpha u_1 \cdots u_n + \beta u_1 \cdots u'_j \cdots u_n$$

という関係を満たすような式 $u_1 u_2 \cdots u_n$（$u_i \in U$）たちの形式的な線形結合からなるベクトル空間だと考えることもできる．

A.2 圏

圏論は，集合論と並び，現代数学の様々な分野における概念を表すための基礎的な言語を与える考え方である．圏とは

- 考えている圏 $\mathcal{C}$ における「対象」はどんなものか
- 二つの対象 X, Y の間の「射」$T\colon X \to Y$ のなす体系 $\mathcal{C}(X,Y)$ はどんなものか

という 2 種類の情報を定めることによって与えられるものであり，射の体系には

- 合成の操作 $\mathcal{C}(Y,Z) \times \mathcal{C}(X,Y) \to \mathcal{C}(X,Z)$, $(f,g) \mapsto fg$
- 各対象 X に対して「恒等射」$\iota_X \in \mathcal{C}(X,X)$

で，結合律や乗法の単位元の性質が成り立つものがあることが要求される．

圏の最も基本的な例は，集合たちを対象とし，集合の間の写像を射とする圏 Sets である．また，位相空間や複素ベクトル空間などの付加的な構造を考え，それらの構造を保つような写像（連続写像や線形写像など）を考えた圏 Top や $\text{Vect}_{\mathbb{C}}$ も重要な例である．$\text{Vect}_{\mathbb{C}}$ のように，射の空間 $\mathcal{C}(X,Y)$ がベクトル空間の構造を持ち，射の合成が双線形写像になっているようなものを線形圏と呼ぶ．量子群の理論では，このような線形圏や，さらにテンソル積の操作に相当するものを付加したテンソル圏（第 8 章参照）の概念が中心的な役割を果たす．

圏論における重要な概念は，考えている数学的対象からどのようにして情報を取り出すか，ということを抽象化した関手の概念と，様々な情報をどう比較するか，ということに対応する自然変換の概念である．具体的には，圏 $\mathcal{C}$ から圏 $\mathcal{D}$ への（共変）関手とは，

- $\mathcal{C}$ の各対象 X に対して $\mathcal{D}$ の対象 $F(X)$ を対応させ，
- $\mathcal{C}$ における射 $T\colon X \to Y$ に対して，
  $\mathcal{D}$ における射 $F(T)\colon F(X) \to F(Y)$ を対応させる

ようなものであり，$F(\iota_X) = \iota_{F(X)}$ や $F(ST) = F(S)F(T)$ が成り立つことを要求したものである．また，このような二つの関手 $F, G\colon \mathcal{C} \to \mathcal{D}$ について，F から G への自然変換とは，$\mathcal{C}$ の各対象 X に対して $\mathcal{D}$ の射 $\phi_X \colon F(X) \to G(X)$ を対応させるもので，$\mathcal{C}$ の射 $T\colon X \to Y$ に対して自然性の条件

$$\phi_Y F(T) = G(T)\phi_X$$

が成り立つことを仮定したものである．

位相空間 X の中で，指定された基点 p を含む円周たちをもとに，連続的な変形によって移り合うものを同一視して得られる基本群 $\pi_1(X,p)$ や，整係数 1 次ホモロジー群 $H_1(X;\mathbb{Z})$ などは（点付き）位相空間の圏から群の圏への関手の例であり，$\pi_1(X,p)$ の元に対して対応するサイクルを考える写像は $\pi_1(X,p)$ から $H_1(X;\mathbb{Z})$ への自然変換を与えていることがわかる．

A.3 多様体

図形（位相空間）のうちで，n 次元ユークリッド空間 $\mathbb{R}^n$ の開部分集合としてモデル化できるような部分の貼り合わせとして表せるものを n 次元の（実）多様

体という．本書で特に重要な多様体の例は，複素可逆行列のなす群（一般線形群）$GL(k, \mathbb{C})$ における代数的な方程式の解集合として与えられる群（線形代数群）や，より一般に群と多様体としての構造が両立している Lie 群と呼ばれる一連の対象である．

$\mathbb{R}^n$ の開部分集合としてモデル化できるということは，局所的に n 個の実数の組からなる座標付けが可能だということであり，貼り合わせを考えるということは，異なる座標付けを比較するような座標変換の操作を $\mathbb{R}^n$ の部分集合の間の変換として考えるということに相当する．本書では，これらの座標変換が何回でも微分可能な写像によって表されている滑らかな多様体のみを考える．滑らかな多様体 M に対して，各座標系に関して滑らかな（実または複素）関数を M 上の滑らかな関数といい，それらのなす体系 $C^\infty(M)$ が M の構造を反映した基本的な代数系となる．

多様体 M の点 p に対し，p のまわりの方向の可能性を抽象的に表したものが p における M の接空間 T_pM である．このように，p を動かしたとき「滑らかに変化する」n 次元のベクトル空間の族 E_p が与えられているとき，それらをまとめて考えたものを，E_p たちをファイバーとするベクトル束 E という．また，ファイバーごとに双対空間やテンソル積・対称積・外積などの操作をほどこしたものをまとめて考えることで，ベクトル束としての双対やテンソル積などの概念が定式化される．

ベクトル束 E について，E_p の元 ξ_p を p に関して滑らかに変化するように考えたものを E の滑らかな切断と呼び，それらのなす空間を $\Gamma_M(E)$ と書く．T_pM をファイバーとする M の接束 TM の滑らかな切断とは M 上のベクトル場に他ならない．また，接束の外積 $\wedge^k TM$ や，余接束（接束の双対）の外積 $\wedge^k T^*M$ の切断はそれぞれ k-polyvector field, k-form と呼ばれ，M の幾何的な構造の定式化に重要な役割を果たす．

k-polyvector field は k 個の滑らかな関数 $f_1, \ldots, f_k \in C^\infty(M)$ に対し滑らかな関数 $D(f_1, \ldots, f_k)$ を与える操作で，各 f_j について 1 階の微分作用素となっており，さらに反対称性 $D(f_{i_1}, \ldots, f_{i_k}) = (-1)^{|i_*|} D(f_1, \ldots, f_k)$ を満たすものに対応している．特に $k = 1$ の場合のベクトル場 D とは，$C^\infty(M)$ 上の線形変換で Leibniz 則 $D(fg) = fD(g) + D(f)g$ を満たすようなもの（微分写像）によって表されている．このような変換が二つあったとき，それらの交換子 $[D, D'] =$

$DD' - D'D$ もやはり Leibniz 則を満たすので, ベクトル場と見なすことができる. この bracket によりベクトル場の空間は Lie 環の構造を持つ. この構造を, 関数 f とベクトル場 D_i について

$$[f, D_1 \wedge \cdots \wedge D_k] = \sum_i (-1)^i D_i(f) D_1 \wedge \cdots \hat{D}_i \cdots \wedge D_k$$

($\hat{D}_i$ は D_i を除くということを表す), ベクトル場 D_i, D'_j たちについて

$$[D_1 \wedge \cdots \wedge D_k, D'_1 \wedge \cdots \wedge D'_l]$$
$$= \sum_{i,j} (-1)^{i+j} [D_i, D'_j] \wedge D_1 \wedge \cdots \hat{D}_j \cdots \wedge D_k \wedge D'_1 \wedge \cdots \hat{D}'_j \cdots \wedge D'_l$$

と置いて $\Gamma_M(\wedge^* TM)$ 上の次数付き Lie 環の構造へと拡張したものが Schouten–Nijenhuis bracket である. また, このように次数付き Lie 環の構造と次数付き可換環の構造が, 次数ずらしのもとで両立しているもののことを Gerstenhaber 環と呼ぶ.

A.4 Lie 環

A.4.1 単純 Lie 環

複素 Lie 環とは, $\mathbb{C}$ 上の (有限次元) ベクトル空間 $\mathfrak{g}$ に反対称性 $[\eta, \xi] = -[\xi, \eta]$ と Jacobi 恒等式

$$[[\xi, \eta], \zeta] = [\xi, [\eta, \zeta]] - [\eta, [\xi, \zeta]]$$

を満たすような双線形写像 $\mathfrak{g} \times \mathfrak{g} \to \mathfrak{g}$, $(\xi, \eta) \mapsto [\xi, \eta]$ (Lie bracket) を合わせたものであり,「$\xi \in \mathfrak{g}, \eta \in \mathfrak{h}$ ならば $[\xi, \eta] \in \mathfrak{h}$」という条件を満たす部分空間 $\mathfrak{h}$ が $\{0\}$ と $\mathfrak{g}$ 自身に限られるようなものを複素単純 Lie 環という. このような対象については以下のような構造論がよく知られている [FH91].

複素単純 Lie 環 $\mathfrak{g}$ に対し, $\mathfrak{g} = \operatorname{Lie} G_\mathbb{C}$ となるような連結かつ単連結な Lie 群 $G_\mathbb{C}$ を考える. また, $\mathfrak{g}$ の元 ξ に対し, $\mathfrak{g}$ 上の $\eta \mapsto [\xi, \eta]$ という線形変換を ad_ξ と書くことにする. このとき $B(\xi, \eta) = \operatorname{Tr}_\mathfrak{g}(\operatorname{ad}_\xi \operatorname{ad}_\eta)$ は $\mathfrak{g}$ 上の非退化な複素双線形形式を定めており, $\mathfrak{g}$ の Killing 形式と呼ばれる. また, $-B$ が正定値になるような実部分 Lie 環のうちで極大のもの $\mathfrak{g}_\mathbb{R}$ は共役作用による違いを除いて一つに定まり, $\mathfrak{g}$ のコンパクト実形と呼ばれる. $\mathfrak{g}$ は $\mathfrak{g}_\mathbb{R}$ の複素化 $\mathbb{C} \otimes_\mathbb{R} \mathfrak{g}_\mathbb{R}$ に同型であり,

$\mathfrak{g}_\mathbb{R} = \mathrm{Lie}\,G$ となる $G_\mathbb{C}$ の閉部分群 G は $G_\mathbb{C}$ の極大コンパクト部分群に他ならない. 最も基本的なのは $\mathfrak{g} = \mathfrak{sl}_n = \{X \in M_n(\mathbb{C}) \mid \mathrm{Tr}(X) = 0\}$ の場合で, $G_\mathbb{C} = \mathrm{SL}(n, \mathbb{C})$, $\mathfrak{g}_\mathbb{R} = \mathfrak{su}_n = \{X \in \mathfrak{sl}_n \mid X^* = -X\}$, $G = \mathrm{SU}(n)$ となっている.

Bracket が自明な ($[\xi, \eta] = 0$ となる) $\mathfrak{g}_\mathbb{R}$ の部分 Lie 環のうちで極大のものを一つ固定し, $\mathfrak{h}_\mathbb{R}$ と書くことにする. このとき, $\mathfrak{h}_\mathbb{R}$ が生成する $\mathfrak{g}$ の複素部分 Lie 環 $\mathfrak{h} = \mathbb{C} \otimes_\mathbb{R} \mathfrak{h}_R$ を $\mathfrak{g}$ の Cartan 部分環と呼ぶ. $\mathfrak{h}_\mathbb{R}$ は G の極大閉可換部分群 (極大トーラス) T に対応しており, G の共役作用による違いを除き一つに定まる. T はトーラス $\mathbb{T}^k$ に同型だが, その Pontryagin 双対 $P = \hat{T} \simeq \mathbb{Z}^k$ の元のことを G の weight という. 一方, $G_\mathbb{C}$ への共役作用から導かれる $\mathfrak{g}$ への作用 $(\exp(\mathrm{ad}_\xi))$ の固有値として現れる weight で 0 でないもの ($\mathfrak{g} \ominus \mathfrak{h}$ 上の固有値) のことを root といい, それらが P の中で生成する部分群 Q を root 格子という. Q は P の有限指数部分群であり, P/Q は $G_\mathbb{C}$ の中心 (G の中心と同じ) の Pontryagin 双対に自然に同型になる. また, P の階数 k を $\mathfrak{g}$ や $G_\mathbb{C}$, G の階数という. さらに, root の個数は k の整数倍になるが, その比を $\mathfrak{g}$ の Coxeter 数という.

$\mathfrak{g}$ の root の集合 Φ は以下のような著しい組合せ論的性質を持つ. まず, B によって誘導される $\mathfrak{h}^*$ 上の双線形形式を (α, β) と書くことにすると, これは (定数倍の違いを除き) P 上の内積を定めており, α, β が root のときには $\langle \alpha, \beta \rangle = 2(\alpha, \beta)/(\alpha, \alpha)$ は整数になる. 実は root の長さ $\sqrt{(\alpha, \alpha)}$ の可能性は高々 2 通りしかないので, 短いもの (short root) が $(\alpha, \alpha) = 2$ を満たすように (α, β) を正規化するのが普通である. さらに, Φ は「正の root 集合」Φ^+ と「負の root 集合」Φ^- に分割することができ, 正の root のうちで他の正の root の和として書けないようなものである単純正 root たち Δ^+ は $\mathfrak{h}^*$ の基底を与えていることがわかる. また, 正の root のうちで「最大」のものを highest root θ と呼ぶ. $\mathfrak{g} = \mathfrak{sl}_n$ の場合には, Φ^+ として上半三角成分についての固有値を考えることにすれば, 単純正 root は対角成分の一つ上の場所にある成分についての固有値に対応しており, highest root は右上隅の成分についての固有値に対応している.

単純正 root たち $\{\alpha_1, \ldots, \alpha_r\}$ によって定まる整数係数の行列 $(a_{ij} = \langle \alpha_i, \alpha_j \rangle)_{i,j}$ は $\mathfrak{g}$ の Cartan 行列と呼ばれる. $d_i = (\alpha_i, \alpha_i)/2$ という数を考えると, これらを成分とする対角行列と Cartan 行列の積が (α, β) を表す非退化対称行列である. Killing, Cartan らにより, 複素単純 Lie 群はこのような Cartan 行列によって分類できることや, どのような行列が Cartan 行列として現れるかの特徴付けが得

られている.また,Cartan 行列を図式的に表す方法として Dynkin 図形と呼ばれる図形が用いられる.

また,α が root のとき,$\alpha^\vee = 2\alpha/(\alpha,\alpha)$ を α に対応する coroot という.$2\theta/(\theta,\theta)$ は $\alpha_i^\vee$ たちの整数係数結合 $\sum_i \nu_i \alpha_i^\vee$ として表せるが,$h^\vee = 1 + \sum_i \nu_i$ を $\mathfrak{g}$ の双対 Coxeter 数と呼ぶ.例えば,$\mathfrak{sl}_n$ の双対 Coxeter 数は n である.

A.4.2 Kac–Moody 環

単純 Lie 群の Cartan 行列による分類に着想を得て,Cartan 行列に類似の情報から(無限次元)Lie 環を構成するのが Kac–Moody 環の理論である [Kac90, 脇本 08].Kac–Moody 環は以下のような条件を満たす整数行列(一般 Cartan 行列)$A = (a_{ij})_{i,j=1}^N$ に基づき定義される:

- 対角成分については $a_{ii} = 2$ が成り立つ.
- 非対角成分については $a_{ij} \leq 0$ が成り立つ.
- 正の数を成分とする対角行列 D で DA が対称行列となるようなものがある[1].

自由 $\mathbb{Z}$ 加群 P で階数が $2N - \mathrm{rank}\, A$ のものを A に付随する weight 格子と呼ぶ.$\mathfrak{h} = \mathbb{C} \otimes P$ と置いたとき,双対空間 $\mathfrak{h}^*$ の元で $\lambda(P) \subset \mathbb{Z}$ となるものを集めたものが双対 weight 格子 $P^\vee$ である.P の基底を一組選び,そのうちの最初の N 個の元を $h_1, \ldots, h_N$ と書くことにする.このとき,$\alpha_j(h_i) = a_{ij}$ によって特徴付けられる元 $\alpha_1, \ldots, \alpha_N \in \mathfrak{h}^*$ を正の単純 root と呼ぶ.A に付随する Kac–Moody 環 $\mathfrak{g}_A$ とは,$e_1, \ldots, e_N, f_1, \ldots, f_N$ および $P^\vee$ の元によって生成される Lie 環で,

- $P^\vee$ は Lie bracket に関して可換な部分群
- $[h, e_i] = \alpha_i(h)e_i$,$[h, f_i] = -\alpha_i(h)f_i$,$[e_i, f_j] = \delta_{i,j} h_i$
- $i \neq j$ のとき $(\mathrm{ad}\, e_i)^{1-a_{i,j}}(e_j) = 0$,$(\mathrm{ad}\, f_i)^{1-a_{i,j}}(f_j) = 0$

という関係のみを仮定したものである.

A.4.3 アフィン Lie 環とアフィン Kac–Moody 環

Kac–Moody 環の中で Cartan 行列に付随する 2 次形式が corank 1 の半正定値 2 次形式であるものをアフィン Kac–Moody 環という.そのうちで特に重要な

---

[1] この条件を弱めた $a_{ij} = 0 \Leftrightarrow a_{ji} = 0$ という条件を考える場合もある.

のが，各単純 Lie 環 $\mathfrak{g}$ に対してループ環 $L\mathfrak{g} = \mathfrak{g}[z, z^{-1}]$ の中心的拡大をもとにして得られる $\tilde{\mathfrak{g}}$ と書かれるもの (nontwisted affine Kac–Moody 環または split affine Kac–Moody 環と呼ばれる) である．

まず，$\mathfrak{g}[z, z^{-1}]$ と中心的な元 c から生成される代数系に，$a, b \in \mathfrak{g}$ と $f(z), g(z) \in \mathbb{C}[z, z^{-1}]$ に対して

$$[a \otimes f(z), b \otimes g(z)] = [a, b] \otimes f(z)g(z) + B(a, b)\operatorname{Res}(fdg)c$$

($\operatorname{Res}(fdg)$ は fdg の $z = 0$ における留数) という Lie bracket を考えたものをアフィン Lie 環 $\hat{\mathfrak{g}}$ と呼ぶ．この環には円周上の正則ベクトル場のなす Lie 環 $\mathfrak{d} = \bigoplus_{n \in \mathbb{N}} z^n \partial_z$ (Witt 代数) の中心的拡大である Virasoro 代数が作用している．V が $\hat{\mathfrak{g}}$ の既約表現ならば，$\hat{\mathfrak{g}}$ の中心に属する c の作用はスカラーで表されることになるが，その値を V の level (central charge) と呼ぶ．

$\hat{\mathfrak{g}}$ に対してさらに，

$$[d, a \otimes f(z)] = a \otimes zf'(z), \quad [d, c] = 0$$

となる元 d を付け加えたものがアフィン Kac–Moody 環 $\tilde{\mathfrak{g}}$[2] であり，これは実際に Kac–Moody 環の構造を持つ．上の表示からもわかるように，$\tilde{\mathfrak{g}}$ の derived algebra $\tilde{\mathfrak{g}}' = [\tilde{\mathfrak{g}}, \tilde{\mathfrak{g}}]$ は $\hat{\mathfrak{g}}$ と一致している．

A.5 作用素環

Hilbert 空間上の有界作用素 (演算子) のなす代数系を作用素環という．詳しくは [Bla06, Tak02, 生西 07] などを参照のこと．

A.5.1 Hilbert 空間上の作用素

Hilbert 空間とは，複素数体上のベクトル空間に，ベクトル同士の内積 (ξ, η) で

- Hermite 性：複素数 λ, μ, ベクトル ξ, η, ζ について

$$(\lambda\xi + \mu\eta, \zeta) = \lambda(\xi, \zeta) + \mu(\eta, \zeta), \quad (\eta, \xi) = \overline{(\xi, \eta)}, \quad (\xi, \xi) \geq 0$$

---

[2] 文献によってはこちらをアフィン Lie 環と呼んで $\hat{\mathfrak{g}}$ と書いている．

- ノルム $\|\xi\| = \sqrt{(\xi,\xi)}$ の完備性：Cauchy 列，つまり $i,j \to \infty$ のとき $\|\xi_i - \xi_j\| \to 0$ となるようなベクトルの列 $(\xi_i)_{i=0}^\infty$ について，$\|\xi_\infty - \xi_i\| \to 0$ を満たすような極限のベクトル ξ_∞ が必ず存在する

を満たすようなものを合わせて考えたものである．Hilbert 空間の代表的な例は自乗和可能な数列の空間

$$\ell^2(\mathbb{N}) = \left\{ (a_n)_{n=0}^\infty \,\middle|\, a_n \in \mathbb{C},\ \sum_{n=0}^\infty |a_n|^2 < \infty \right\}$$

であり，Gram–Schmidt の直交化によって可分 Hilbert 空間（加算無限の稠密部分集合を持つもの）は有限次元のもの $\mathbb{C}^n$ か，$\ell^2(\mathbb{N})$ に同型になることがわかる．

Hilbert 空間上の有界線形作用素（連続線形作用素）は作用素の合成 $(TS)(\xi) = T(S(\xi))$ を積とする代数系の構造を持つ．また，線形変換 T に対し $(T\xi,\eta) = (\xi, T^*\eta)$ によって特徴付けられるような新しい作用素 T^*（T の共役作用素）を考えるという操作が非常に重要な役割を果たす．これは複素行列の共役転置を考えることに対応しており，$T^*T = TT^*$ を満たす作用素（正規作用素）は，行列の固有値の類似であるスペクトル $\sigma(T)$ を考えることによってその性質を捉えることができる．

A.5.2　C^* 環

Hilbert 空間におけるノルム $\|\xi\|$ をもとに，有界作用素に対しても「ベクトルの長さを高々何倍するか」という量

$$\|T\| = \sup_{\xi:\ \|\xi\|=1} \|T\xi\|$$

としてノルムを定義することができる．Hilbert 空間 H 上の有界線形作用素全体のなす代数系 $B(H)$ はこのノルムに関して完備な Banach 環になっている．$B(H)$ の部分代数系のうちで，共役操作に関して閉じており，さらにノルム位相に関して完備なものを H 上の C^* 環と呼ぶ．

Gelfand–Naimark による古典的な結果により，C^* 環は以下のように抽象的に公理化することができる：

- $\mathbb{C}$ 上の完備ノルム空間（複素 Banach 空間）A に対し，
- A の元 a,b に対し新たな元 ab を与える積の構造で，双線形性・結合律や劣乗法性 $\|ab\| \leq \|a\|\|b\|$ を満たすものが与えられ，

- A の元 a に対し新たな元 a^* を与える操作で,$\lambda \in \mathbb{C}$ と $a, b \in A$ に対し
$$(\lambda a)^* = \bar{\lambda} a^*, \quad (ab)^* = b^* a^*, \quad (a^*)^* = a$$
を満たすもの(* 環の構造)が与えられ,
- さらに,これらに関し C^* 条件 $\|a^*a\| = \|a\|^2 = \|a^*\|^2$ が成り立っている.

このような抽象的な C^* 環 A に対し,$A \subset B(H)$ となるような Hilbert 空間 H を構成する際に重要な役割を果たすのが,A 上の状態と呼ばれる汎関数である.これは A 上の有界汎関数 ϕ で

- 正値性:$\phi(a^*a) \geq 0$
- 正規化条件:$\displaystyle\sup_{a:\,\|a\|=1} |\phi(a)| = 1$

を満たすようなものである.このような ϕ に対し,$(a, b) = \phi(b^*a)$ と定めることで A の元同士の内積が定義でき,完備化によって Hilbert 空間 H_ϕ が得られる(Gelfand–Naimark–Segal 構成).

また,スペクトル理論を発展させた Gelfand–Naimark の定理により,可換な C^* 環は必ず局所コンパクト空間 X 上の無限遠で消える複素連続関数の体系 $C_0(X)$ に同一視できることが知られている.この対応により,局所コンパクト空間と固有 (proper) 連続写像のなす圏は,可換 C^* 環と非退化 * 準同型写像[3]のなす圏と反変同値であることが従う.

無限次元の C^* 環どうしのテンソル積を C^* 環として意味付ける方法は,一般的には一つには限らない.量子群の基礎付けのために必要なのは minimal テンソル積と呼ばれるものであり,Hilbert 空間のテンソル積をもとにして定義される.二つの C^* 環 $A \subset B(H_1)$, $B \subset B(H_2)$ が与えられたとき,Hilbert 空間としてのテンソル積 $H_1 \otimes H_2$ 上に $a \otimes b$ ($a \in A, b \in B$) という形の作用素を考えることができる.これらの線形結合は共役操作について閉じた代数系をなすが,さらに作用素ノルムに関する閉包をとったものが minimal テンソル積 $A \otimes B$ である.この構成は A や B をどんな Hilbert 空間の上に表現するかによらず同型な C^* 環を与えることが知られている.

---

[3] $\phi(A)B = B$ を満たす * 準同型 $\phi: A \to B$ のこと.

A.5.3 von Neumann 環

C^* 環の概念は作用素ノルムに関する近似の操作に対応していたが，Hilbert 空間上の作用素については，何種類かのより緩い収束の概念を考えることができる．その一つが作用素の弱位相と呼ばれるものであり，作用素の族 $(T_i)_i$ が S に収束するということを，どんなベクトル ξ, η についても $(T_i\xi, \eta)$ が $(S\xi, \eta)$ に収束することとして定めたものである．$B(H)$ の部分代数系のうちで，共役操作について閉じており，作用素の弱位相に関して閉集合になっているようなものを von Neumann 環という．抽象的には，von Neumann 環は C^* 環のうちで双対 Banach 空間になっているようなものとして特徴付けることができる．

M が von Neumann 環のとき，$(M_*)^* \simeq M$ となるような Banach 空間 M_* は（等長同型を除き）一意に定まり，M の predual と呼ばれる．M_* が可分 Banach 空間である場合に M を可分な von Neumann 環というが，これは M が可分 Hilbert 空間上の von Neumann 環であるということと同じである．また，可分かつ可換な von Neumann 環は，標準確率空間 (X, μ) 上の本質的有界可測関数たちについて，零集合上での違いは無視した代数系 $L^\infty(X, \mu)$ と同型になることが知られている．このとき，$L^\infty(X, \mu)$ の predual とは $L^1(X, \mu)$ のことである．

また，von Neumann 環のテンソル積も，C^* 環の minimal テンソル積と同様にして Hilbert 空間のテンソル積をもとに定義される．

A.6 Operad

Operad は結合的代数の構造や Lie 環の構造など，様々な代数的構造を統一的に取り扱うための枠組みである．この枠組みを用いることの利点は，単なるベクトル空間だけではなく，ホモロジー代数の枠組みにおける複体 (C_*, d) 上の結合的代数 (differential graded algebra, dg-algebra) などの構造や，それらに関する考察から自然に現れる「複体のホモトピーのもとでの結合律」などの概念をまとめて定式化できるということである．Operad を定式化する方法にはいくつかの流儀があるが，ここでは [LV12, Hin03] のような代数的な方法を用いることにする．

Operad の代数的な定式化で鍵となるのは，「自由（結合的）代数」や「自由 Lie 環」のような，特定のベクトル空間から生成される「自由な」代数的対象の概念である．これは，ベクトル空間 V をもとに，考えている代数的構造で許される操作

を行って得られるはずのものをすべて形式的に付け加えて得られるようなものであり，単位元を仮定しない結合的代数の構造を考えている場合には V 上のテンソル代数

$$\mathbb{F}_{\mathsf{ASS}}(V) = TV = V \oplus (V \otimes V) \oplus \cdots \oplus V^{\otimes n} \oplus \cdots$$

によって，可換環の構造を考えている場合には V 上の対称代数

$$\mathbb{F}_{\mathsf{COM}}(V) = \mathrm{Sym}(V) = \bigoplus_{n=1}^{\infty} \mathrm{Sym}^n V$$

によって与えられている．より形式的には，($\mathbb{C}$ 上の) 結合的代数のなす圏 $\mathsf{Ass}_\mathbb{C}$ からベクトル空間のなす圏 $\mathsf{Vect}_\mathbb{C}$ への忘却関手 F に対して，

$$\mathsf{Ass}_\mathbb{C}(\mathbb{F}_{\mathsf{ASS}}(V), A) \simeq \mathsf{Vect}_\mathbb{C}(V, F(A))$$

という射の空間の間の自然な同型によって特徴付けられる左随伴関手が $\mathbb{F}_{\mathsf{ASS}}$ である．

このような定式化から直ちに，$\mathsf{Vect}_\mathbb{C}$ から自分自身への関手 $F' = F\mathbb{F}_{\mathsf{ASS}}$ は monad (関手の圏における結合的代数) の構造を持つことがわかる．この monad の積 $\mu_V\colon F'(F'(V)) \to F'(V)$ は，上の随伴性の式において，V の代わりに $\mathbb{F}_{\mathsf{ASS}} F'(V)$ を，A の代わりに $\mathbb{F}_{\mathsf{ASS}}(V)$ を考えた際に右辺に含まれる $\iota_{F'(V)}$ に対応する左辺の元を表すものであり，乗法の単位は自然な包含 $\eta_V\colon V \to F'(V)$ によって与えられている．A 上に結合的代数の構造を考えるということは，この monad 上の加群の構造 $F'(A) \to A$ を考えるということと同じである．

ベクトル空間の圏に作用する関手には様々な例があるが，ここでは以下のようにして対称群の加群の列 $(\mathscr{O}(n))_{n=0}^{\infty}$ から得られる Schur 関手という形のものを考える．各 n について $\mathscr{O}(n)$ が右からの S_n[4] の作用を持つとする．また，V がベクトル空間のとき，$V^{\otimes n}$ にはテンソル成分の入れ替えによって S_n の左からの作用が定まっている．これをもとに

$$\mathbb{F}_{\mathscr{O}}(V) = \bigoplus_{n=0}^{\infty} \mathscr{O}(n) \otimes_{S_n} V^{\otimes n}$$

としたものが $(\mathscr{O}(n))_n$ により定まる Schur 関手である．このような Schur 関手 $\mathbb{F}_{\mathscr{O}}$ に monad の構造

---

[4] 通常の定義から形式的に従うように，S_0 は単位元のみからなる群である．

$$\mu\colon \mathbb{F}_{\mathscr{O}}\mathbb{F}_{\mathscr{O}} \to \mathbb{F}_{\mathscr{O}}, \quad \eta\colon \mathrm{Id} \to \mathbb{F}_{\mathscr{O}}$$

が付け加えられたもの（あるいは対応する $\mathscr{O} = (\mathscr{O}(n))_n$）を対称 operad という．各 $\mathscr{O}(n)$ が S_n 加群として自由加群になっているもの，つまりベクトル空間の族 A_n によって $\mathscr{O}(n) = A_n \otimes \mathbb{C}S_n$ となっているものを非対称 (nonsymmetric) operad，または単に operad ともいう．

Schur 関手の重要な性質は，Schur 関手たちの合成が再び Schur 関手になるということである．したがって operad の構造 μ は族 $(\mathscr{O}(n))_n$ に関する操作の組合せによって表すこともできる．非対称 operad $\mathscr{O}(n) = A_n \otimes \mathbb{C}S_n$ の場合には，monad の構造は partial composition と呼ばれる一連の線形写像

$$\circ_i\colon A_m \otimes A_n \to A_{m+n-1} \quad (1 \le i \le m)$$

で，$\lambda \in A_l, \mu \in A_m, \nu \in A_n$ について

$$(\lambda \circ_i \mu) \circ_{i+j-1} \nu = \lambda \circ_i (\mu \circ_j \nu),$$

$$(\lambda \circ_i \mu) \circ_{k+m-1} \nu = (\lambda \circ_k \nu) \circ_i \mu \quad (i < k)$$

という関係を満たすものによっても特徴付けられることが知られている．例えば，結合的代数に対応する operad ASS は，上の $\mathbb{F}_{\mathrm{ASS}}$ の表示からもわかるように $\mathrm{ASS}(0) = 0$, $\mathrm{ASS}(n) = \mathbb{C}S_n$ $(n \ge 0)$ によって与えられる非対称 operad である．対応する各 1 次元ベクトル空間 A_n の基底を μ_n と書くことにすれば，$\mu_m \circ_i \mu_n = \mu_{m+n-1}$ (i によらない) がこの operad の構造を記述している．

また，Schur 関手 $\mathbb{F}_{\mathscr{O}}$ の作用を定めるためにはテンソル積と S_n の作用に関する余不変部分空間をとる操作が定式化できればよいので，$\mathrm{Vect}_{\mathbb{C}}$ の代わりに対称テンソル圏を考えた場合でも，無限直和に関する適切な完備化において $\mathbb{F}_{\mathscr{O}}$ の作用を定式化することができる．このような圏のうち，特に興味がある次数付きベクトル空間の圏や複体の圏では，次数のずらしの操作も考えることができる．そこで，次数のずらし $X[n]$ 上の ASS の作用に対応する operad を $\mathrm{ASS}\{n\}$ のように表す．

Monad $(\mathbb{F}_{\mathscr{O}}, \mu, \eta)$ に関する加群の構造 $\mathbb{F}_{\mathscr{O}}(A) \to A$ を持つベクトル空間 A のことを $\mathscr{O}$ 代数と呼ぶ．この形式のもとで，ベクトル空間における ASS 代数の構造とは結合的代数の構造に，複体における ASS の構造とは dg-algebra の構造に対応している．

また，operad の準同型 $\mathscr{O} \to \mathscr{O}'$ の概念は monad の準同型として自然に定義できる．このとき，ベクトル空間 V 上の $\mathscr{O}'$ 代数の構造からは，準同型による制

限として $\mathscr{O}$ 代数の構造が自然に導かれることになる．これは，例えば可換環の構造から自然に結合的代数の構造が得られるということの形式化になっている．

次に，余結合的な coalgebra や Lie coalgebra に対応する，cooperad や cooperad 上の coalgebra について説明しよう．まず，cooperad とは S_n 加群の列 $(\mathscr{O}(n))_{n=0}^{\infty}$ により定まる

$$\hat{\mathbb{F}}_{\mathscr{O}}(V) = \prod_{n=0}^{\infty} (\mathscr{O}(n) \otimes V^{\otimes n})^{S_n}$$

という関手を考え，これに comonad の構造を合わせて考えたものである．この comonad に関する comodule $V \to \hat{\mathbb{F}}_{\mathscr{O}}(V)$ を $\mathscr{O}$-coalgebra と呼ぶ．$\mathscr{O}(0) = 0$ の場合は comodule 構造の構造射は

$$\mathbb{F}^*_{\mathscr{O}}(V) = \bigoplus_{n=1}^{\infty} (\mathscr{O}(n) \otimes V^{\otimes n})^{S_n}$$

に値をとるので，こちらを用いても定式化できることになる．また，$\mathscr{O}(n)$ がすべて有限次元ベクトル空間で与えられているような operad $\mathscr{O}$ について，$(\mathscr{O}(n)^*)_n$ によって与えられる cooperad を $\mathscr{O}^*$ と書き，$\mathbb{F}^*_{\mathscr{O}^*}$ を $\mathbb{F}^*_{\mathscr{O}}$ と略記する．このとき例えば，$\mathtt{ASS}^*$ 上の comodule は coassociative coalgebra の構造に対応している．

これらを組み合わせると，以下のようにして，様々な代数的操作の間の関係を「ホモトピーのもとでの関係」にゆるめた，より柔軟な構造を定式化することができる．(単位元を仮定しない) 結合的代数，可換環や Lie 環は 2 次の代数的操作のみを用いて，それらが特定の 3 次の関係式のみを満たすものとして定められている．これは，対応する operad $\mathtt{ASS}$, $\mathtt{COM}$ や $\mathtt{LIE}$ が 2 次の項 $\mathscr{O}(2)$ で生成され，生成系 $V = \mathscr{O}(2)$ に関する「自由 operad」からの準同型 $\mathbb{T}(V) \to \mathscr{O}$ の核が 3 次の部分 $\mathbb{T}(V)(3)$ の部分空間 R によって生成されているということに相当している．$\mathscr{O}$ が次数付きベクトル空間の operad の場合には，V と R の次数ずらしをもとに，$R[2]$ を co-relation として $V[1]$ で co-generate されるものとして Koszul 双対 cooperad $\mathscr{O}^{\perp}$ ($\mathscr{O}^{\mathrm{i}}$ とも書く) が定義される ($(\mathscr{O}^{\perp})^*$ は $\mathscr{O}$ の Koszul 双対 operad の次数ずらしに相当する)．この構成は，例えば

$$\mathtt{COM}^{\perp} = (\mathtt{LIE}\{-1\})^*, \quad \mathtt{ASS}^{\perp} = (\mathtt{ASS}\{-1\})^*$$

などの対応を与えている．このとき，「ホモトピー $\mathscr{O}$ 代数」を表す operad $\mathscr{O}_{\infty}$ を，A 上の $\mathscr{O}_{\infty}$ 代数の構造は $\mathbb{F}^*_{\mathscr{O}^{\perp}}(A)$ 上の coalgebra の余微分によって与えられるもの，として定義することで定めることができる．

例 A.1 (A_∞ 代数) ベクトル空間 V 上の ASS_∞ 代数 (A_∞ 代数) の構造を指定する．cofree (coassociative) coalgebra $\mathbb{F}^*_{\text{ASS}^\perp}(V)$ 上の余微分を与えるということは，cofreeness により線形写像 $\mathbb{F}^*_{\text{ASS}^\perp}(V) \to V$ を指定するということ同じである．したがって，次数付きベクトル空間 $V = \bigoplus_{k \in \mathbb{Z}} V^k$ 上の A_∞ 代数の構造は一連の線形写像

$$d = m_1 \colon V^n \to V^{n+1}, \quad m_2 \colon V^{n_1} \otimes V^{n_2} \to V^{n_1+n_2},$$

$$m_i \colon V^{n_1} \otimes \cdots \otimes V^{n_i} \to V^{n_1+\cdots+n_i+2-i}$$

で，

$$d(d(a)) = 0, \quad d(m_2(a,b)) = m_2(da,b) + (-1)^{|a|} m_2(a,db),$$

$$m_2(m_2(a,b),c) - m_2(a,m_2(b,c)) = d(m_3(a,b,c)) + m_3(da,b,c)$$
$$+ (-1)^{|a|} m_3(a,db,c)$$
$$+ (-1)^{|a|+|b|} m_3(a,b,dc), \ldots$$

を満たすものによって与えられている．これは，(V,d) が複体を定め，m_2 が複体のホモトピーのもとで結合法則を満たすような「積」写像であり，d が m_2 に関して Leibniz 則を満たす微分写像であるということを表している．また，この条件は形式的な無限和 $m = \sum_i m_i$ について $m \circ m = 0$ (Hochschild cochain に関する ○ 操作については 5.4 節を参照のこと) と言い換えることもできることに注意しておこう．

同様にして，LIE_∞ 代数ならば bracket の反対称性や Jacobi 恒等式を複体のホモトピーのもとで満たすような Lie 環の構造の一般化を考えていることになる．

参考文献

[Bla06]　B. Blackadar. *Operator algebras*. Encyclopaedia of Mathematical Sciences 122. Berlin: Springer-Verlag, 2006.

[FH91]　W. Fulton, J. Harris. *Representation theory*. Graduate Texts in Mathematics 129. New York: Springer-Verlag, 1991.

[Hin03]　V. Hinich. "Tamarkin's proof of Kontsevich formality theorem". *Forum Math.* **15** (4) (2003), pp. 591–614.

[Kac90]   V. G. Kac. *Infinite-dimensional Lie algebras*. Cambridge University Press, Cambridge, 1990.

[LV12]   J.-L. Loday, B. Vallette. *Algebraic operads*. Grundlehren der Mathematischen Wissenschaften 346. Springer, Heidelberg, 2012.

[Tak02]   M. Takesaki. *Theory of operator algebras. I*. Encyclopaedia of Mathematical Sciences 124. Springer-Verlag, Berlin, 2002.

[生西 07]   生西明夫・中神祥臣. 『作用素環入門』. Ⅰ：関数解析とフォン・ノイマン環, Ⅱ：C^* 環と K 理論. 岩波書店. 2007.

[脇本 08]   脇本実. 『無限次元リー環』. 岩波書店. 2008.

索　引

Symbols

∗ 環, 132
Δ^+, 128
Δ_q, 37
$\hat{\Delta}_q$, 33, 47
$\hat{\epsilon}_q$, 47
$\otimes$, 101
Φ^+, 128
$\Phi_{X,Y,Z}$, 101
$\wedge^n(U)$, 124
$1_\mathcal{C}$, 101
1 コサイクル, 45
2-category, 107
3 次元の位相的量子場, 116

欧文

A_n 型のグラフ, 41
A_∞ 代数, 137
admissible な加群, 72
affinization, 75
algebraic quantum group, 93
antipode, 13
antipode 条件, 13
ASS, 67, 135
associator, 52, 101
autonomous 圏, 103

$B(H)$, 131
Banach 環, 131
Bethe 仮説, 18
bicrossed product, 25
Borel 部分群, 61
braid, 28
braided commutativity, 82

braiding, 105
braid 群, 27
Bruhat 順序, 61

$C^*(A;A)$, 65
C^* 環, 131
C^* 圏, 39, 88
C^* 条件, 88, 132
C^* テンソル圏, 40, 89
$C(G)$, 86
$C(G_q)$, 64
$C(\mathrm{SU}_q(2))$, 37
$\mathcal{C}(X,Y)$, 101
cancellative, 87
canonical basis, 73
Cartan 行列, 47, 128
Cartan 部分環, 128
category $\mathcal{O}^q$, 72
co-Poisson 代数, 44
coalgebra, 136
cobracket, 44
COM, 67, 136
comonad, 136
comonoid, 112
conjugate equation, 89
cooperad, 136
coroot, 129
counit 条件, 13
Coxeter 数, 128
crystal basis, 73
Cuntz 環, 105

Deligne 積, 77
Deligne 予想, 68

dequantization functor, 49
derived algebra, 130
dg-algebra, 133
differential graded algebra, 133
dressing action, 61
Drinfeld associator, 54
Drinfeld center, 116
Drinfeld double, 27
Drinfeld 圏, 112
Dynkin 図形, 129

$End(A)$, 104
$End(\mathcal{C})$, 103

$\mathbb{F}_{\mathsf{ASS}}$, 134
$\mathbb{F}_{\mathsf{COM}}$, 134
$\hat{\mathbb{F}}_{\mathscr{O}}$, 136
$\mathbb{F}_{\mathscr{O}}$, 134
$\mathbb{F}_{\mathscr{O}}^*$, 136
F_2, 102
face algebra, 106
form, 126
formality, 55, 65
formality 定理, 68
Fourier 変換, 1
fundamental alcove, 113
fusion 圏, 106

$\mathscr{G}$, 67
$\hat{\mathfrak{g}}$, 130
$\tilde{\mathfrak{g}}$, 130
$\mathscr{G}_\infty$, 67
Galois 条件, 81
Gelfand–Naimark–Segal 構成, 132
Gelfand–Naimark 構成, 87
Gelfand–Naimark の定理, 132
Gerstenhaber 環, 127
Gerstenhaber 代数, 67
Grothendieck–Teichmüller 群, 54
group-like, 14
$\mathfrak{g}$ 加群, 11

$\hat{H}$, 14
$H^*(A;A)$, 66
H-Galois 拡大, 81
Haar 状態, 87
Haar 測度, 5, 87
Hamilton ベクトル場, 60
Hecke 関係式, 40
Hermite 性, 130
Hermite 内積, 5
highest root, 128
Hilbert 空間, 5, 130
Hochschild cochain 複体, 65
Hochschild コホモロジー, 65
Hopf–Galois 拡大, 81
Hopf 環, 13

integrable な加群, 72
intertwiner, 39, 88
involution, 102
isometry, 110

Jacobi 恒等式, 10, 127

Kac–Moody 環, 48, 129
Kac 環, 86
KdV 方程式, 20
Killing 形式, 127
Kirillov bracket, 62
Knizhnik–Zamolodchikov associator, 53
Knizhnik–Zamolodchikov 方程式, 51, 111
Korteweg–de Vries 方程式, 20
Koszul 双対 cooperad, 136
KZ_n 方程式, 111

$\ell^2(\mathbb{N})$, 131
Lax pair, 20
Leibniz 則, 58, 126
$L\mathfrak{g}$, 130
LIE, 67, 136
Lie bialgebra, 44
Lie bialgebra の量子化問題, 46

Lie bracket, 127
Lie 環, 10
Lie 群, 3, 10, 126

Mac Lane の coherence 定理, 103
Manin triple, 45
Maurer–Cartan 条件, 66
minimal テンソル積, 132
modular 圏, 115
modular 自己同型群, 87
monad, 134
monoidal category, 101
Moyal 積, 63
multiplicative unitary, 94

nontwisted affine Kac–Moody 環, 130

$\mathcal{O}(G)$, 90
$\mathcal{O}(\mathrm{SL}_q(2))$, 34
$\mathcal{O}(\mathrm{S}^2_{q,c})$, 79
$\mathscr{O}_\infty$, 136
$\mathscr{O}^\perp$, 136
operad, 65, 133

P, 128, 129
pairing, 15
partial composition, 135
Perron–Frobenius 理論, 114
Peter–Weyl の定理, 7
Podleś 球面, 79
Poincaré–Birkhoff–Witt の定理, 49
Poisson bivector, 59
Poisson bracket, 58
Poisson–Lie 群, 59
Poisson 構造, 21
Poisson 写像, 59
Poisson 多様体, 59
Poisson テンソル, 59
polyvector field, 126
Pontryagin 双対, 11
Pontryagin 双対量子群, 94

Pontryagin の双対性定理, 11
predual, 133
primary 場, 111
principal alcove, 113
pure braid 群, 111

Q, 128
quantum commutativity, 82

relative commutant, 80, 104
$\operatorname{Rep} G_q$, 114
$\operatorname{Rep} \mathrm{SL}_q(2)$, 38
$\operatorname{Rep} \mathrm{SU}_q(2)$, 38
restricted algebra, 113
restricted integral form, 113
ribbon, 116
rigid, 90, 106
rigid 圏, 103
root, 128
root 格子, 128
RTT 方程式, 91
R 行列, 17
r 行列, 23
r 行列の量子化問題, 49

$\hat{S}_q$, 33, 47
scaling group, 88
Schouten–Nijenhuis bracket, 127
Schrödinger 方程式, 20
Schubert cell, 61
Schur 関手, 134
short root, 128
SL(2), 34
$\mathfrak{sl}_n$, 128
$\mathrm{SL}(n, \mathbb{C})$, 128
$\mathrm{SL}_q(2)$, 34
$\mathfrak{sl}_2$, 10
slicing, 94
spherical なテンソル圏, 115
split affine Kac–Moody 環, 130
strict なテンソル圏, 102

SU(2), 36
SU(n), 128
$\mathfrak{su}_n$, 128
SU$_q$(2), 36
superselection sector, 104
Sweedler の記法, 26
Sym$^n(U)$, 124
symplectic 構造, 62
symplectic 多様体, 59
symplectic 葉, 61
S 行列, 115

Temperley–Lieb 圏, 40
Temperley–Lieb 代数, 40
tensor category, 101
tilting module, 113
Toeplitz 量子化, 64
twist, 52

$U \otimes V$, 123
universal enveloping algebra, 11
$\mathcal{U}_q(\mathfrak{sl}_2)$, 32

Verma 加群, 72
von Neumann 環, 133

weight, 128
weight 加群, 71
weight 格子, 129
Weyl 積, 63
Weyl のユニタリトリック, 8
Woronowicz character, 87

$X \oplus Y$, 101

Yangian, 50
Yetter–Drinfeld 加群, 82
Yetter–Drinfeld 環, 81

■ あ行

アフィン Kac–Moody 環, 75, 129, 130

アフィン Lie 環, 130

位相空間, 86
位置変数, 58
一般 Cartan 行列, 129
一般線形群, 126
イデアルの組成列, 65
岩澤分解, 60

運動量変数, 58

エルゴード作用, 80
演算子, 130
円分体, 115

■ か行

外積空間, 124
可解格子模型, 18
可換環対象, 104
加群, 9
柏原作用素, 74
可分 Hilbert 空間, 131
関手, 125
完全可約性, 7
完備性, 131
簡約型の群, 77

基本群, 125
逆 braiding, 53
共役, 37
共役作用素, 131
行列係数, 77
局所コンパクト空間, 132
局所コンパクト群, 3
局所コンパクト量子群, 93
極大群環, 87
極大コンパクト部分群, 36, 128
極大トーラス, 128

組みひも群, 27
クロス積, 110

群 C* 環, 10
群 von Neumann 環, 10
群環, 9, 87
群コホモロジー, 103

結合的代数, 123
結合律, 123
結晶基底, 73
結晶グラフ, 74
結晶格子, 74
圏, 124

交換子, 126
交換子積, 10
恒等射, 124
河野–Drinfeld Lie 環, 54
五角形等式, 52, 94
古典的 Yang–Baxter 方程式, 22
コンパクト群, 3
コンパクト実形, 127
コンパクト量子群, 86

■さ行

最高 weight 加群, 72
座標, 126
作用素環, 8, 86, 130
作用素の弱位相, 133
作用素ノルム, 37, 131
三角型 r 行列, 23
散乱行列, 18
散乱問題, 18

自己準同型写像の圏, 104
自然変換, 125
射, 124
射影子, 39
弱 Hopf 環, 106
射の合成, 124
自由 Lie 環, 133
自由結合的代数, 133

従順性, 105
修正された古典的 Yang–Baxter 方程式, 24
自由直交群, 93
自由な代数的対象, 133
自由ユニタリ量子群, 92
自由量子群, 92
主束, 80
準 Hopf 環, 51
準三角 Hopf 環, 29
準三角型の r 行列, 24
状態, 132

推移的な作用, 80
スピン, 38
スペクトル, 131
スペクトルパラメーター, 18

正規作用素, 131
正規半有限 weight, 94
正準量子化, 62
正値性, 132
正の root 集合, 128
接空間, 126
切断, 126
線形圏, 125
線形代数群, 126
線形表現, 4, 88

双接合積, 25
双線形写像, 122
双対 Coxeter 数, 129
双対 Hopf 環, 14
双対 weight 格子, 129
双対対象, 103
測度空間, 86
ソリトンの方程式, 20

■た行

対象, 124
対称 braiding, 12

対称 operad, 135
対称積空間, 124
対称代数, 49
対称な braiding, 105
楕円型 r 行列, 23
多重線形写像, 122
たたみ込み積, 9
多様体, 125
単位対象, 101
単純正 root, 128
淡中–Krein 双対性定理, 12, 90
丹原–山上圏, 108

頂点作用素, 111

転送行列, 18
テンソル関手, 102
テンソル圏, 39, 101
テンソル積, 122

等質空間, 65

な行
内積空間, 4

は行
旗多様体, 61
反傾表現, 52, 89
反対称性, 10, 127
半単純, 106
半単純 Lie 環, 48

非可換空間, 78
非対称 operad, 135
左 Haar 測度, 93
左正則表現, 6
微分写像, 126
被約環, 87
被約関数環, 87
被約群環, 87
表現環, 12

表現の分解, 6
標準基底, 73
標準的な Lie bialgebra 構造, 45
標準的な Poisson–Lie 構造, 60
標準的な r 行列, 45

ファイバー関手, 12, 90
複素 Lie 環, 127
複素単純 Lie 環, 127
複素半単純線形代数群, 8
複体, 133
部分因子環, 107
普遍 R 行列, 27, 50
普遍的, 123
普遍包絡環, 11
分岐則, 73
分配関数, 19

平坦性条件, 20
ベクトル場, 59, 126
変形量子化, 62

忘却関手, 12, 90, 134
ホモトピー Gerstenhaber 代数, 67
ホモトピー $\mathcal{O}$ 代数, 136
ホモトピーのもとでの関係, 136

ま行
右 Haar 測度, 93

結び目の不変量, 28

面代数, 106

や行
有界作用素, 130
有理型 r 行列, 23
ユニタリ条件, 24
ユニタリ表現, 5, 88

余イデアル, 78

余結合律, 13
余作用, 78
余積, 13
余接束, 126
余単位, 13

■ ら行
離散群, 3
離散双対, 38
離散量子群, 93
両側加群, 103
量子 $ax+b$ 群, 95
量子 Yang–Baxter 加群環, 81
量子 Yang–Baxter 方程式, 17

量子亜群, 106
量子化関手, 49
量子可換性, 82
量子化問題, 44
量子逆散乱理論, 20
量子行列式, 92
量子群 G_q の上の関数, 77
量子場の表現論, 104
量子等質空間, 78
量子普遍包絡環, 32, 47

ループ環, 50, 75, 130

六角形等式, 53

[著者紹介]

山下 真 (やました まこと)
2011年　東京大学大学院数理科学研究科博士課程 修了
現　在　お茶の水女子大学基幹研究院自然科学系 准教授
　　　　博士（数理科学）
専　攻　数理科学

量子群点描　　　著　者　山下　真　ⓒ 2017
Elements of Quantum Groups
　　　　　　　　発行者　南條光章

　　　　　　　　発行所　共立出版株式会社
　　　　　　　　　　　　郵便番号　112–0006
　　　　　　　　　　　　東京都文京区小日向 4-6-19
　　　　　　　　　　　　電話　（03）3947-2511（代表）
　　　　　　　　　　　　振替口座　00110-2-57035
　　　　　　　　　　　　URL http://www.kyoritsu-pub.co.jp/

2017 年 5 月 25 日　初版 1 刷発行　　印　刷　錦明印刷
　　　　　　　　　　　　　　　　　　製　本　ブロケード

一般社団法人
自然科学書協会
会員

検印廃止
NDC 415.5, 411.6, 421.5
ISBN 978-4-320-11313-8　　　　Printed in Japan

JCOPY ＜出版者著作権管理機構委託出版物＞
本書の無断複製は著作権法上での例外を除き禁じられています．複製される場合は，そのつど事前に，出版者著作権管理機構（TEL：03-3513-6969，FAX：03-3513-6979，e-mail：info@jcopy.or.jp）の許諾を得てください．

▼共立出版『数学関連書』復刊書目一覧▼

復刊 数学の方法	廣瀬 健他共著
復刊 不可能の証明	津田丈夫著
復刊 行列論	遠山 啓著
復刊 近代代数学	秋月康夫他共著
復刊 束論	岩村 聯著
復刊 半群論	田村孝行著
復刊 有限群論	伊藤 昇著
復刊 アーベル群・代数群	本田欣哉他著
復刊 リー環論	松島与三著
復刊 ノルム環	和田淳蔵著
復刊 可換環論	松村英之著
復刊 イデアル論入門	成田正雄著
復刊 ホモロジー代数学	中山 正他共著
復刊 初等幾何学	小林幹雄著
復刊 微分幾何学とゲージ理論	茂木 勇他著
復刊 ヒルベルト空間論	吉田耕作著
復刊 射影幾何学	秋月康夫他共著
復刊 代数幾何学入門	中野茂男著
復刊 抽象代数幾何学	永田雅宜他著
復刊 リーマン幾何学入門 増補版	朝長康郎著
復刊 積分幾何学	栗田 稔著
復刊 初等カタストロフィー	野口 広他著
復刊 位相空間論	河野伊三郎著
復刊 位相幾何学 ホモロジー論	中岡 稔著
復刊 微分位相幾何学	足立正久著
復刊 整数論入門	三瓶与右衛門他訳
復刊 代数的整数論	河田敬義著
復刊 現代解析学	近藤基吉他共訳
復刊 数学序論 集合と実数	柴田敏男著
復刊 無理数と極限	小松勇作著
復刊 可積分系の世界	高崎金久著
復刊 超函数論	吉田耕作著
復刊 佐藤超函数入門	森本光生著
復刊 積分論	河田敬義著
復刊 ルベーグ積分 第2版	小松勇作著
復刊 力学系とエントロピー	青木統夫他著
復刊 位相力学 常微分方程式の定性的理論	斎藤利弥著
復刊 差分・微分方程式	杉山昌平著
復刊 近代解析	吉田耕作著
復刊 位相解析 理論と応用への入門	加藤敏夫著
復刊 ポテンシャル論	二宮信幸著
復刊 作用素代数入門	梅垣壽春他著
復刊 エルゴード理論入門	十時東生著
復刊 公理論的集合論	西村敏男他著
復刊 証明論入門	竹内外史他共著
復刊 現代数理論理学入門	田中尚夫訳
復刊 数理論理学	松本和夫著
復刊 数理論理学序説	前原昭二著
復刊 数値解析の基礎	山口昌哉他著

共立叢書 現代数学の潮流

編集委員：岡本和夫・桂　利行・楠岡成雄・坪井　俊

新しいが変わらない数学の基礎を提供した「共立講座 21世紀の数学」に引き続き、21世紀初頭の数学の姿を描くシリーズ。これから順次出版されるものは、伝統に支えられた分野、新しい問題意識に支えられたテーマ、いずれにしても現代の数学の潮流を表す題材であろうと自負する。学部学生、大学院生はもとより、研究者を始めとする数学や数理科学に関わる多くの人々にとり、指針となれば幸いである。

各冊：A5判・上製
（税別本体価格）

離散凸解析
室田一雄著　序論／組合せ構造をもつ凸関数／離散凸集合／M凸関数／L凸関数／共役性と双対性／ネットワークフロー／アルゴリズム／数理経済学への応用……………………318頁・本体4,000円

積分方程式 ─逆問題の視点から─
上村　豊著　Abel積分方程式とその遺産／Volterra積分方程式と逐次近似／非線形Abel積分方程式とその応用／Wienerの構想とたたみこみ方程式／乗法的Wiener-Hopf方程式／他……304頁・本体3,600円

リー代数と量子群
谷崎俊之著　リー代数の基礎概念／カッツ・ムーディ・リー代数／有限次元単純リー代数／アフィン・リー代数／量子群／付録：本文補遺・関連する話題……………………………276頁・本体3,800円

グレブナー基底とその応用
丸山正樹著　可換環／グレブナー基底／消去法とグレブナー基底／代数幾何学の基本概念／次元と根基／自由加群の部分加群のグレブナー基底／付録：層の概説……………272頁・本体3,600円

多変数ネヴァンリンナ理論とディオファントス近似
野口潤次郎著　有理型関数のネヴァンリンナ理論／第一主要定理／他………276頁・本体3,600円

超函数・FBI変換・無限階擬微分作用素
青木貴史・片岡清臣・山崎　晋著　多変数整型函数とFBI変換／他………324頁・本体4,000円

可積分系の機能数理
中村佳正著　モーザーの戸田方程式研究：概観／直交多項式と可積分系／直交多項式のクリストフェル変換とqdアルゴリズム／dLV型特異値計算アルゴリズム／他………224頁・本体3,600円

代数方程式とガロア理論
中島匠一著　代数方程式／多項式の既約性／線型空間／体の代数拡大／ガロア理論／ガロア理論の応用／付録：必要事項のまとめ（実数と複素数・環と体のまとめ）／他………444頁・本体4,000円

レクチャー結び目理論
河内明夫著　結び目の科学／絡み目の表示／絡み目に関する初等的トポロジー／標準的な絡み目の例／ゲーリッツ不変量／ジョーンズ多項式／ザイフェルト行列Ⅰ・Ⅱ／他……208頁・本体3,400円

ウェーブレット
新井仁之著　有限離散ウェーブレットとフレーム／基底とフレームの一般理論／無限離散信号に対するフレームとマルチレート信号処理／連続信号に対するウェーブレット・フレーム　480頁・本体5,200円

微分体の理論
西岡久美子著　基礎概念（線形無関連，代数的無関連）／万有拡大／線形代数群／Picard-Vessiot拡大／1変数代数関数体／微分付値型拡大と既約性／微分加群の応用……………214頁・本体3,600円

相転移と臨界現象の数理
田崎晴明・原　隆著　相転移と臨界現象／基本的な設定と定義／相転移と臨界現象入門／有限格子上のIsing模型／無限体積の極限／高温相／低温相／臨界現象／他………422頁・本体3,800円

代数的組合せ論入門
坂内英一・坂内悦子・伊藤達郎著　古典的デザイン理論と古典的符号理論／アソシエーションスキーム上の符号とデザイン／P-かつQ-多項式スキーム／他………526頁・本体5,800円

● 続刊テーマ ●
アノソフ流の力学系／極小曲面／剛性／作用素環／写像類群／数理経済学／制御と逆問題／特異点論における代数的手法／粘性解／保型関数特論／ホッジ理論入門

（価格は変更される場合がございます）　　　（続刊のテーマは予告なく変更される場合がございます）

「数学探検」「数学の魅力」「数学の輝き」の三部からなる数学講座

共立講座 数学の輝き 全40巻予定

新井仁之・小林俊行・斎藤 毅・吉田朋広 編

数学の最前線ではどのような研究が行われているのでしょうか？大学院に入ってもすぐに最先端の研究をはじめられるわけではありません。この「数学の輝き」では、「数学の魅力」で身につけた数学力で、それぞれの専門分野の基礎概念を学んでください。一歩一歩読み進めていけばいつのまにか視界が開け、数学の世界の広がりと奥深さに目を奪われることでしょう。現在活発に研究が進みまだ定番となる教科書がないような分野も多数とりあげ、初学者が無理なく理解できるように基本的な概念や方法を紹介し、最先端の研究へと導きます。

❶ 数理医学入門
鈴木 貴著　画像処理／生体磁気／逆源探索／細胞分子／細胞変形／粒子運動／熱動力学／他 ……… 270頁・本体4000円

❷ リーマン面と代数曲線
今野一宏著　リーマン面と正則写像／リーマン面上の積分／有理型関数の存在／トレリの定理／他 …… 266頁・本体4000円

❸ スペクトル幾何
浦川 肇著　リーマン計量の空間と固有値の連続性／最小正固有値のチーガーとヤウの評価／他 ……… 350頁・本体4300円

❹ 結び目の不変量
大槻知忠著　絡み目のジョーンズ多項式／組みひも群とその表現／絡み目のコンセビッチ不変量／他　288頁・本体4000円

❺ $K3$曲面
金銅誠之著　格子理論／鏡映群とその基本領域／K3曲面のトレリ型定理／エンリケス曲面／他 ……… 240頁・本体4000円

❻ 素数とゼータ関数
小山信也著　素数に関する初等的考察／リーマン・ゼータの基本／深いリーマン予想／他 ………… 300頁・本体4000円

❼ 確率微分方程式
谷口説男著　確率論の基本概念／マルチンゲール／ブラウン運動／確率積分／確率微分方程式／他　236頁・本体4000円

❽ 粘性解 ―比較原理を中心に―
小池茂昭著　準備／粘性解の定義／比較原理／比較原理-再訪／存在と安定性／付録／他 ……… 216頁・本体4000円

❾ 3次元リッチフローと幾何学的トポロジー
戸田正人著　幾何構造と双曲幾何／3次元多様体の分解／他　328頁・本体4500円

■ 主な続刊テーマ ■

保型関数 ……… 志賀弘典著／2017年6月発売予定
D加群 …………………………… 竹内 潔著
岩澤理論 …………………………… 尾崎 学著
楕円曲線の数論 …………………… 小林真一著
ディオファントス問題 …………… 平田典子著
保型形式と保型表現 …… 池田 保・今野拓也著
可換環とスキーム ………………… 小林正典著
有限単純群 ………………………… 北詰正顕著
代数群 ……………………………… 庄司俊明著
カッツ・ムーディ代数とその表現 … 山田裕史著
リー環の表現論とヘッケ環　加藤 周・榎本直也著
リー群のユニタリ表現論 …………… 平井 武著
対称空間の幾何学 …… 田中真紀子・田丸博士著
非可換微分幾何学の基礎　前田吉昭・佐古彰史著
シンプレクティック幾何入門 …… 高倉 樹著
力学系 ……………………………… 林 修平著
多変数複素解析 …………………… 辻 元著
反応拡散系の数理 ……… 長山雅晴・栄伸一郎著
確率論と物理学 …………………… 香取眞理著
ノンパラメトリック統計 ………… 前園宜彦著

【各巻】A5判・上製本・税別本体価格

※続刊のテーマ、執筆者、価格等は予告なく変更される場合がございます

共立出版

http://www.kyoritsu-pub.co.jp/
https://www.facebook.com/kyoritsu.pub